Wiederholung

Zuordnungen

W0203326

1 Bei Stefan wurde die Körpertemperatur innerhalb der letzten 24 Stunden regelmäßig gemessen.

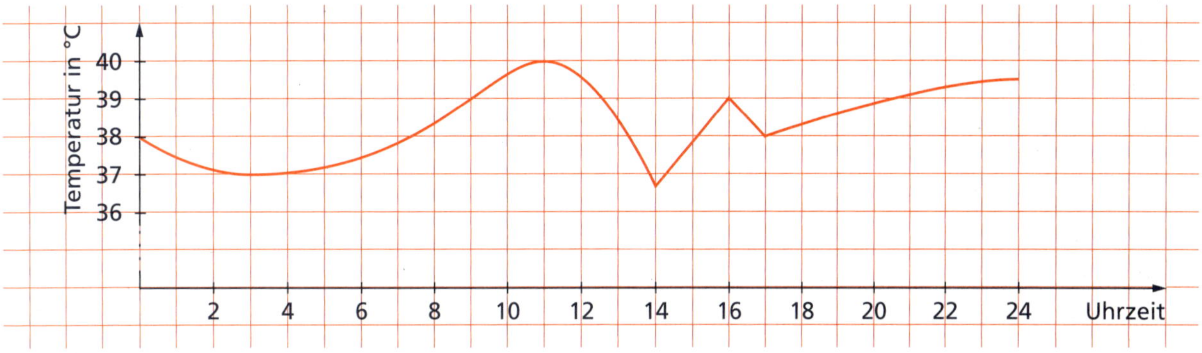

a) Wie hoch war seine Körpertemperatur um 10.00 Uhr? ______

b) Wann war seine Körpertemperatur am höchsten bzw. am niedrigsten? ______

c) Wann betrug seine Temperatur genau 37,5 °C (38,2 °C; 39 °C)? ______

2 Es gibt zwei Faustregeln für das Bestimmen des Normalgewichts eines Erwachsenen:
A: Körpergröße in Zentimetern minus 100 ergibt das Normalgewicht in Kilogramm.
B: Körpergröße in Meter zum Quadrat mal 25 ergibt das Normalgewicht in Kilogramm.
Trage die nach beiden Regeln berechneten Werte für die Normalgewichte in die Tabelle ein und stelle diese Zuordnungen in dem Diagramm dar. Runde auf ganze Kilogramm.

Körpergröße in Meter	Gewicht in Kilogramm	
	A	B
1,55		
1,60		
1,65		
1,70		
1,75		
1,80		
1,85		

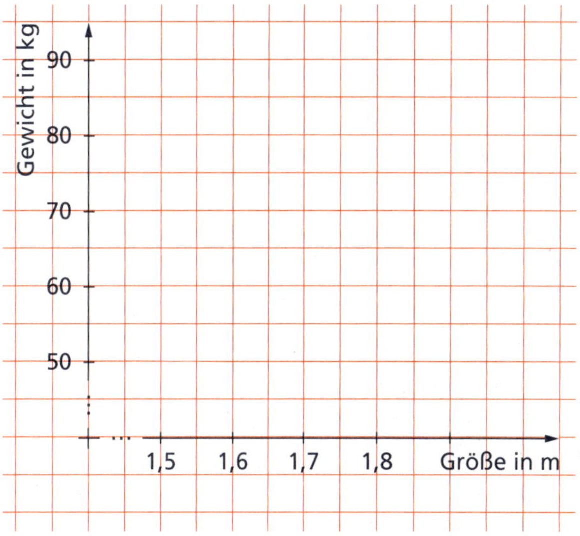

Z Recherchiere, was man unter dem sogenannten Body-Mass-Index (BMI) versteht.

______

______

3 In der Tabelle ist der Zusammenhang zwischen Zeit und Weg bei einer Wanderung dargestellt.

a) Beschrifte die Achsen. Stelle die Zuordnung im Diagramm dar.

Zeit in min	Weg in km
0	0
20	2
40	3
60	5
80	5
100	7
120	9

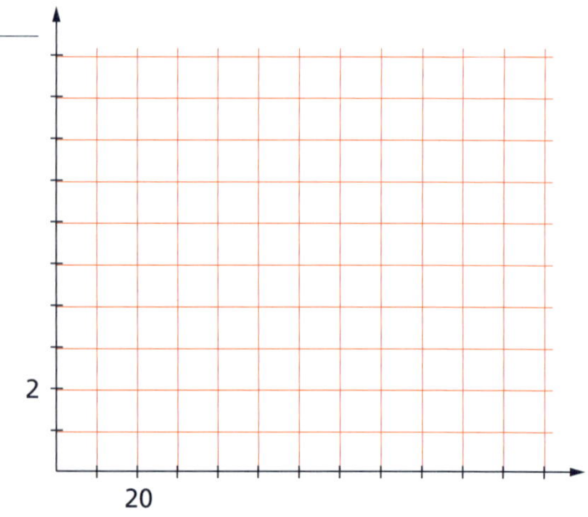

b) Beschreibe und interpretiere den Verlauf der Wanderung mithilfe der Größe Geschwindigkeit.

____

____

4 Die Tabelle zeigt die Aufzeichnungen einer Klimastation für ein Jahr.

	J	F	M	A	M	J	J	A	S	O	N	D
Temperatur in °C	0	0	4	9	13	16	18	18	15	10	5	1
Niederschlag in mm	36	31	29	35	49	58	64	57	38	43	40	33

Beschrifte die Achsen und fertige ein Temperatur- und ein Niederschlagsdiagramm an.

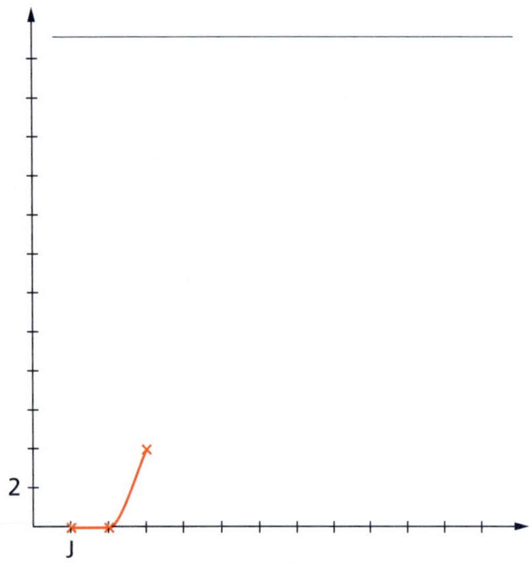

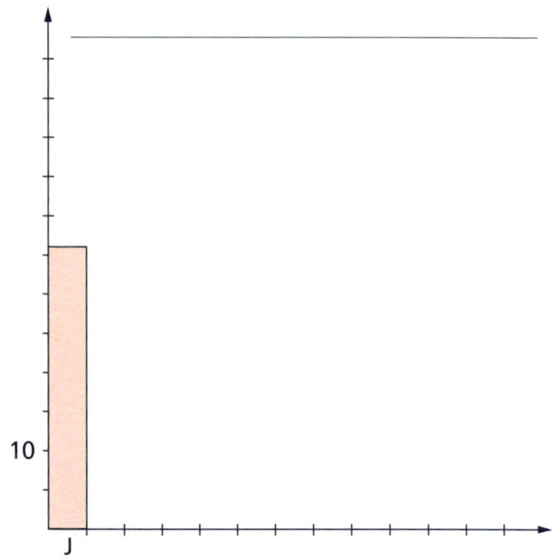

Z Wie viele Finger sind an einer Hand? __________ Wie viele Finger sind an zwei Händen? __________

Wie viele Finger sind an zehn Händen? __________

5 Ermittle experimentell (zu Hause) mindestens fünf Wertepaare für folgende Tabelle.
Stelle die Zuordnung grafisch dar und vervollständige zu wahren Aussagen.
Die Tabelle enthält die Mengenangaben für gehäufte Esslöffel Mehl.

Anzahl	1	3	5	10	15
Menge in Gramm					

- 10 Esslöffel Mehl sind etwa ____________________
- 300 g Mehl sind etwa ____________________
- Ein Esslöffel Mehl sind etwa ____________________
- Eine Tasse Mehl sind etwa ____________________

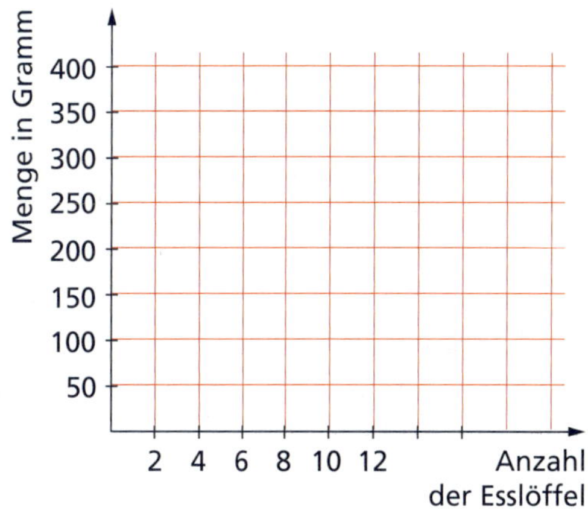

6 Fertige eine grafische Übersicht an, mit deren Hilfe möglichst schnell die Umtauschbeträge (ohne Gebühren) beim Umtauschen von Euro in amerikanische Dollar (und umgekehrt) ermittelt werden können.
Informiere dich vorher (z. B. im Internet) über den zur Zeit gültigen Wechselkurs. Runde sinnvoll.

____

____

____

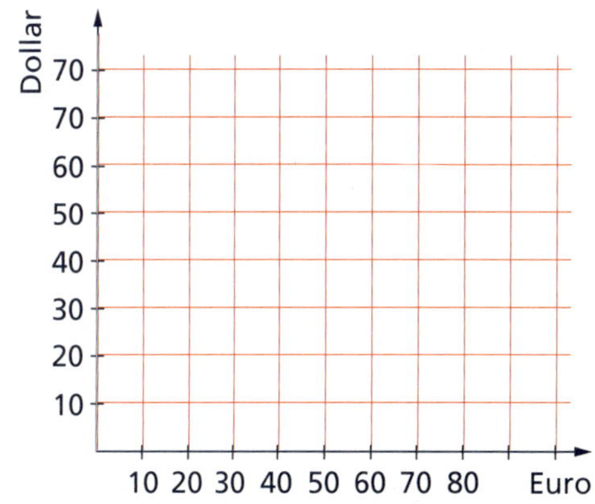

7 Das nebenstehende Diagramm zeigt die Ergebnisse einer einstündigen „Verkehrszählung" an einer Kreuzung, bei der die Insassen der Pkws gezählt wurden.

a) Schätze, wie viele Personen durchschnittlich in einem Pkw sitzen.

____

b) Führe selbst eine solche „Verkehrszählung" durch. Stelle die Daten im nebenstehenden Diagramm dar.

c) Welche Unterschiede erkennst du in beiden Diagrammen?

____

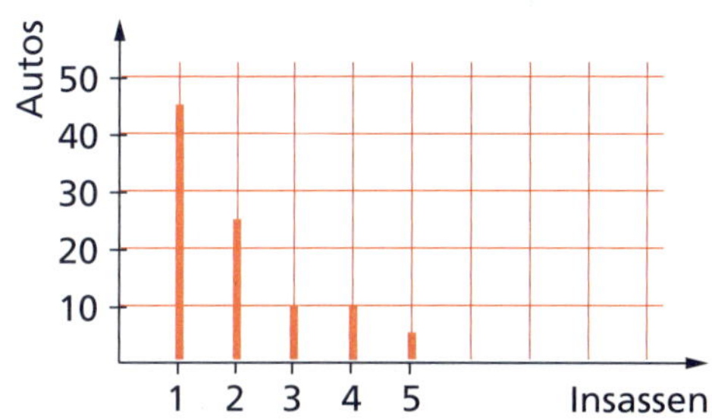

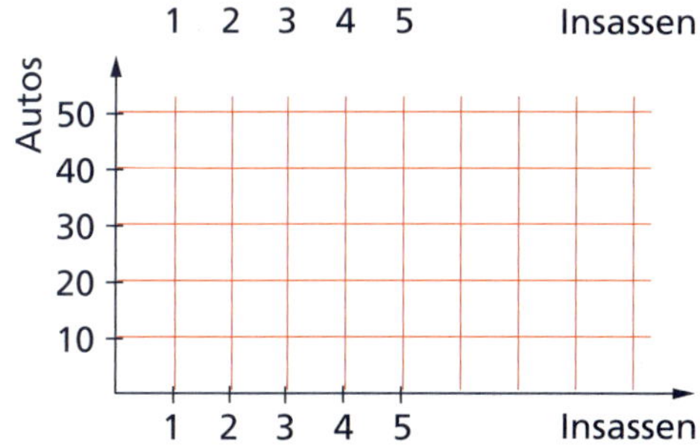

Z Was meinst du?
Kann man mithilfe einer Kerze die Zeit messen? Erläutere.

____

____

Terme

8 Gib Beispiele für Zahlen mit den genannten Eigenschaften an und finde eine allgemeine Darstellung dieser Zahlen durch einen Term.

	Eigenschaft der Zahl	Beispiele	Beschreibung durch einen Term
a)	gerade	2; 4; 6	
b)	durch 5 teilbar		
c)	Quadratzahl		
d)	Zehnerpotenz		
e)	Rest 1 bei Division durch 3		

9 Die Zahlen in der zweiten Zeile einer Tabelle werden nach einer bestimmten Rechenvorschrift aus der darüber stehenden Zahl gebildet. Ergänze die Tabelle.
Gib mithilfe von Variablen eine allgemeine Rechenvorschrift an, mit der eine Zahl in der zweiten Zeile aus der darüber stehenden Zahl berechnet werden kann.

a)

x	1	2	3	4	5	6
2x	2	4	6	8		

b)

x	1	2	3	4	5	6
	–7	–6	–5	–4		

c)

x	1	2	3	4	5	6
	1	3	5	7		

d)

x	1	2	3	4	5	6
	2	5	10	17	26	

e)

x	1	2	3	4	5	6
	3	6	9			

f)

x	1	2	3	4	5	6
	5	8	11			

10 In der Zahlenmauer ergibt sich ein „Stein" als Summe der beiden darunterliegenden „Steine".

a) Fülle die Mauer aus.

b) Verallgemeinere die Rechnung und gib einen Term für den obersten „Stein" an.

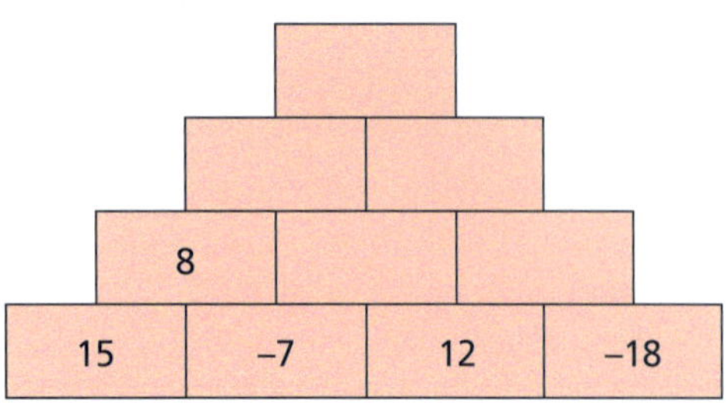

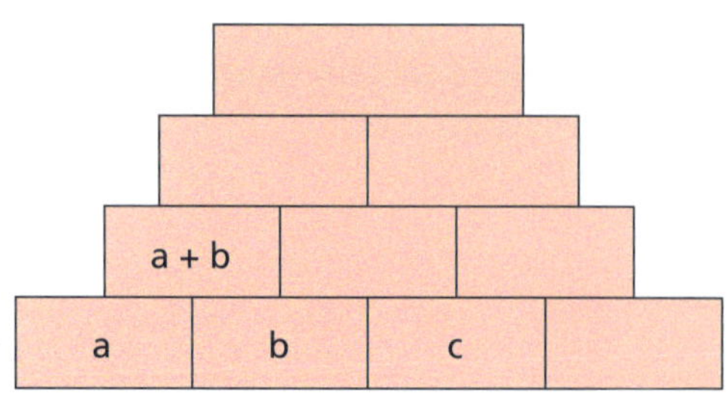

c) Kontrolliere den Term mithilfe des Beispiels.

a + ______________________________

____

11 In der Zahlenmauer ergibt sich ein „Stein“ als Produkt der beiden darunterliegenden „Steine“.

a) Fülle die Mauer aus.

b) Verallgemeinere die Rechnung und gib einen Term für den obersten „Stein“ an.

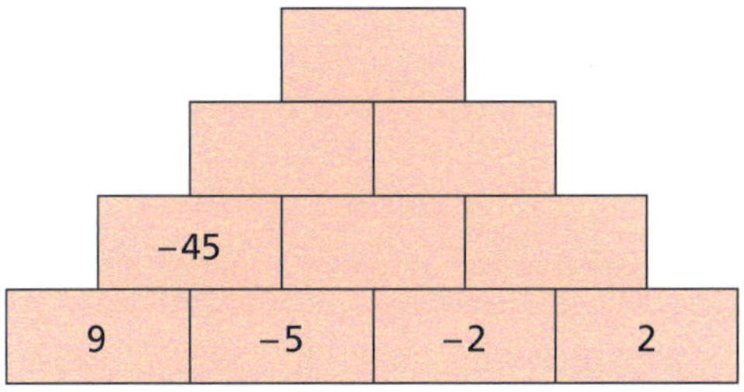

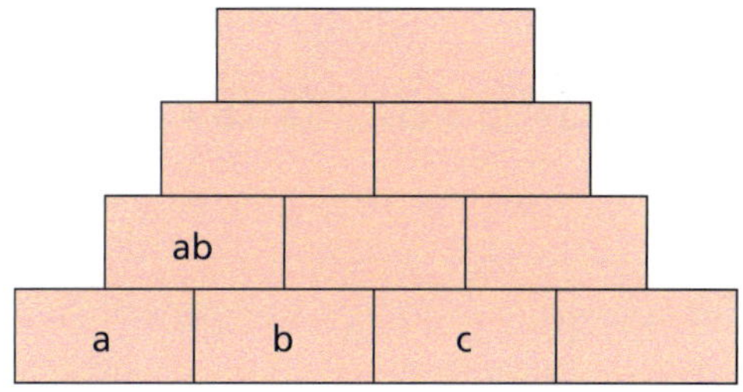

c) Kontrolliere den Term mithilfe des Beispiels.

$a \cdot$ ______________________________

12 Unterstreiche gleichartige Summanden mit gleicher Farbe. Ordne die Glieder und fasse zusammen.

a) $3x + 4y - x - 5x + y$ = ______________________________

b) $2 + 2x + 2y - 2 - 2x - 2y + x$ = ______________________________

c) $-2 + 8x - 4x + 2 - 4x$ = ______________________________

d) $0{,}5x + 2{,}3 + 1{,}8x - 0{,}7 - 0{,}9x$ = ______________________________

e) $-2y + 4 - 3y - 7 + 7y - 2$ = ______________________________

13 Vereinfache. Kennzeichne Summanden, die du zusammenfassen kannst, mit gleicher Farbe.

a) $a + b - 5a + 2b + a$ = ____________ b) $4x - 3y - 5x + 3 - y$ = ____________

c) $2k + 2k^2 - k + 5k^2$ = ____________ d) $25 - 10z + 3z - 6z + 8$ = ____________

e) $x + xy - yx + 11x$ = ____________ f) $s + 5 - 5s + 8s - s^2$ = ____________

14 Schreibe kürzer. Vereinfache Produkte aus Zahlen durch Rechnen.

a) $3 \cdot x$ = ________ b) $1 \cdot y$ = ________ c) $-5 \cdot z \cdot 4$ = ________

d) $a \cdot 8$ = ________ e) $b \cdot 3$ = ________ f) $\frac{1}{6} \cdot (-c) \cdot 3$ = ________

g) $k \cdot (-15)$ = ________ h) $m \cdot (-1)$ = ________ i) $5 \cdot n \cdot n \cdot (-2)$ = ________

Z Mathematicus sagt: „Denke dir eine Zahl. Addiere 10. Dividiere das Ergebnis durch 2. Addiere 5 und verdopple das Ergebnis. Nenne nun dein Ergebnis und ich sage dir, welche Zahl du dir ausgedacht hast.“
Wie funktioniert der Zaubertrick?

____

15 Zeichne die Pfeile ein, löse die Klammern auf und fasse zusammen.

Beispiel: $2x + (5y - z) - (3x - 2y + z)$ $= 2x + 5y - z - 3x + 2y - z$

= ______

a) $2a - (b + c) - (-2a - b + c)$ = ______

= ______

b) $-(5r - s) + (-2s + r) - (3rs)$ = ______

= ______

16 Setze um zwei Summen eine Klammer, ohne die Vorzeichen zu verändern.

a) $-20ab \quad + 8a - b - 5b^2 + 3ab^2 - b$

b) $5n^2 - 2n + 7m^2 - mn - 2m^2n + nm^2$

c) $11pq - 7p^2 + 18q^2 - 4p^3 + 2q$

17 Setze um eine Summe eine Klammer, vor der ein Minuszeichen steht. Achte darauf, dass wahre Aussagen entstehen.

a) $7u - 8v + 5u^2 - v^2 = 7u - ($ ______

b) $x - y^2 + 3x + y^2 - z =$ ______

c) $-12ab - 3a + 6ab + 5b - a =$ ______

d) $14xy - 9x^2 - 6xy + y^2 =$ ______

18 Vereinfache die Terme durch ausmultiplizieren.

a) $3 \cdot (x + 2) =$ ______

b) $-4 \cdot \left(2x - \frac{1}{2}\right) =$ ______

c) $0{,}4 \cdot (5x - 3) =$ ______

d) $(15 - 3x) \cdot \frac{1}{5} =$ ______

19 Welche Terme sind gleich?
Die Buchstaben ergeben ein Lösungswort.

a) $3 - 2 \cdot (x + 1)$

b) $(4x + 1) \cdot 2 - x$

c) $-3 \cdot (2 + 3x) + 1{,}5 \cdot (4x - 2)$

d) $(8x + 4) \cdot \frac{1}{4}$

e) $12 - 3x + 1 + 4x - 7$

f) $4 + x \cdot 3 - 1 - x$

g) $5x + (2x - (x + 1))$

h) $0{,}75x - \left[\frac{1}{2}x - (2 + 0{,}5x)\right]$

$6x - 1$	S	$2 + 7x$	A
$2x + 1$	H	$-3x - 9$	T
$1 - 2x$	M	$6 + x$	E
$3 + 2x$	A	$2 + \frac{3}{4}x$	S

Lösungswort: ______

Mit Zahlen rechnen

20 Fülle die Tabellen aus.

a)

+	−1	0,2	$-\frac{3}{4}$	−0,8
$\frac{1}{2}$				
$-\frac{4}{5}$				
1,25				
−2,4				

b)

−	−1	0,2	$-\frac{3}{4}$	−0,8
$\frac{1}{2}$				
$-\frac{4}{5}$				
1,25				
−2,4				

c)

·	−15	5	−10	−25
−35				
20				
0,63				
−2,5				

d)

:	−50	−2,5	13,44	50
−5				
2,5				
−10				
67,2				

21 Vervollständige, indem du multiplizierst oder dividierst.

a)

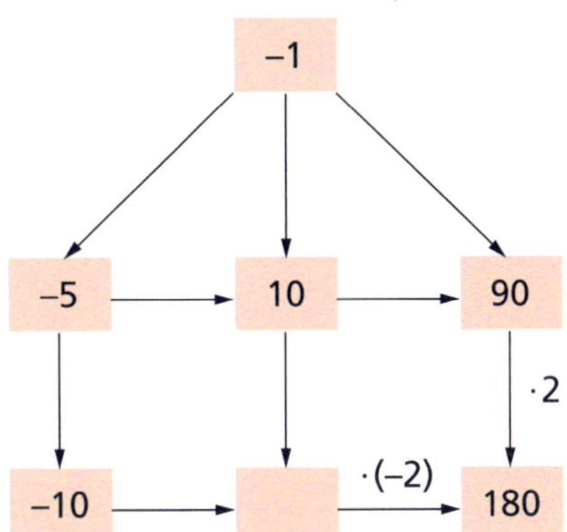

b)

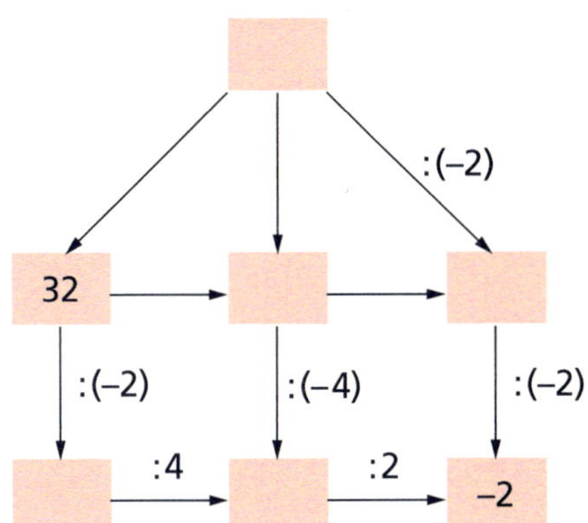

22 Fülle die Tabelle aus.

a	b	c	a·b	b·c	b·b	a:b
$\frac{1}{2}$	$\frac{1}{4}$	$\frac{4}{5}$	$\frac{1 \cdot 1}{2 \cdot 4} = \frac{1}{8}$			
$\frac{2}{3}$	$\frac{1}{2}$	$\frac{19}{10}$				
0,7	$\frac{21}{20}$	2				
$\frac{7}{8}$	0,5	0,3				

23 Setze die Zahlen 1, 2, 3 und 4 jeweils genau einmal so in die Kästchen ein, dass die entsprechenden Aussagen erfüllt werden.

a) Die Summe der Zahlen ist möglichst groß: □ □ + □ □

b) Die Differenz der Zahlen ist möglichst klein: □ □ – □ □

c) Das Produkt der Zahlen ist möglichst groß: □ □ · □ □

d) Das Produkt der Zahlen ist möglichst klein: □ □ · □ □

e) Der Wert des Terms ist möglichst groß: □ · (□ – □ · □)

24 $\frac{1}{99}$; $-\frac{1}{10}$; 0,01; 0,152; $-\frac{1}{5}$; –0,105; $\frac{1}{10}$; $\frac{3}{20}$; –0,151; $-\frac{1}{17}$

a) Ordne die Zahlen nach der Größe. Beginne mit der kleinsten Zahl.

b) Gib in der zweiten leeren Zeile jeweils eine Zahl an, die zwischen den benachbarten Zahlen in der geordneten Zahlenkette liegt.

□ < □ < □ < □ < □ < □ < □ < □ < □ < □

z. B. □ □ □ □ □ □ □ □ □

25 a) Berechne folgende Quadratzahlen im Kopf:

x	8	12	15	20	25	30	$\frac{1}{4}$	0	–12
x^2									

b) Berechne folgende Wurzeln im Kopf:

x	49	0,09	121	$\frac{4}{81}$	0	400	10^6	–64	6 400
$\sqrt{x}$									

26 Zwischen welchen benachbarten ganzen Zahlen liegen die vorgegebenen Werte? Fülle aus.

a) $□^2 < 1{,}1^2 < □^2$, denn □ < 1,21 < □

b) $□^2 < 2{,}4^2 < □^2$, denn □ < □ < □

c) □ < $\sqrt{31}$ < □, denn □ < □ < □

d) □ < $\sqrt{4{,}8}$ < □, denn □ < □ < □

Geometrie

27 Berechne die fehlenden Winkel.

	α_1	α_2	β_1	β_2	γ_1	γ_2	δ_1	δ_2
a)		38°	90°					
b)			45°			45°		68,2°
c)	73,3°		79,8°	100,2°				

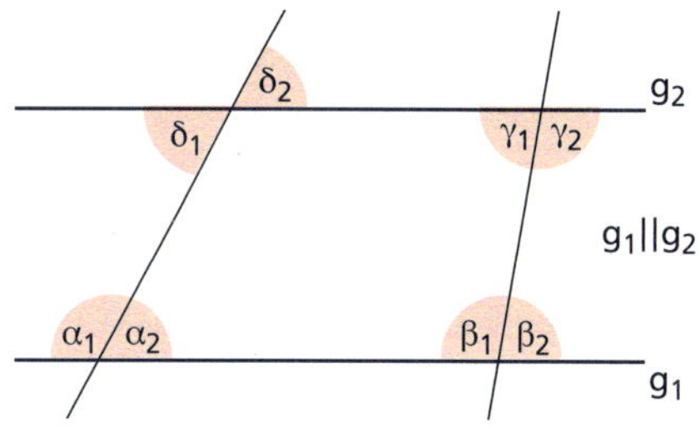

28 Miss in den folgenden Dreiecken die angegebenen Stücke. Ist die Konstruktion der Dreiecke eindeutig? Wenn ja, gib den betreffenden Kongruenzsatz in Kurzform an.

a) b) c) d) e)

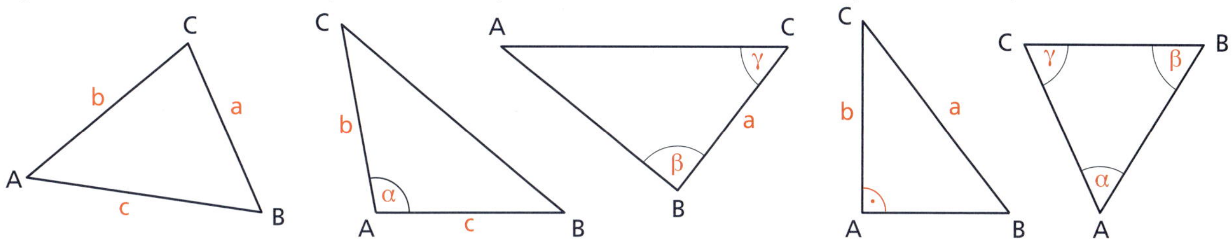

a)
a = ______
b = ______
c = ______
______

b)
b = ______
c = ______
α = ______
______

c)
a = ______
β = ______
γ = ______
______

d)
a = ______
b = ______
α = ______
______

e)
α = ______
β = ______
γ = ______
______

29 Untersuche, für welche der folgenden Vierecksarten die Aussagen zutreffen:

Aussage	Quadrat	Rechteck	Raute (Rhombus)	Parallelogramm	gleichschenkliges Trapez	Drachenviereck
① Das Viereck hat vier rechte Winkel.						
② Das Viereck hat vier Seiten gleicher Länge.						
③ Im Viereck sind die gegenüberliegenden Seiten gleich lang.						
④ Das Viereck besitzt zwei Paare gleich langer Nachbarseiten.						
⑤ Im Viereck sind die gegenüberliegenden Seiten zueinander parallel.						
⑥ Das Viereck hat genau zwei zueinander parallele Seiten.						
⑦ Das Viereck hat genau eine Symmetrieachse.						

Rechnen mit Potenzen

Potenzen mit ganzzahligen Exponenten

1 Fülle die Tabelle aus.

Potenz	Basis	Exponent	Potenzwert
2^5			$2 \cdot 2 \cdot 2 \cdot 2 \cdot 2 = 32$
	4	3	
	3	4	
			= 100 000 000
$0{,}5^5$			
	5		= 0,04

2 Vervollständige zu wahren Aussagen.

a) $(-10)^7$ hat das Vorzeichen = ______.

b) $(-2)^2$ hat das Vorzeichen = ______.

c) $(-10)^6$ hat das Vorzeichen = ______.

d) $(-20)^8$ hat das Vorzeichen = ______.

e) $(-1)^1$ ist eine ______ Zahl.

f) $(-1)^4$ ist eine ______ Zahl.

3 Berechne.

a) $a^1 =$ ______
$a^0 =$ ______
$a^{-1} =$ ______
$a^3 \cdot b^0 =$ ______

b) $3^2 =$ ______
$(-3)^2 =$ ______
$-3^2 =$ ______
$\frac{a^7}{b^7} =$ ______

c) $\frac{1}{6} =$ ______
$\frac{1}{m} =$ ______
$\frac{1}{b^7} =$ ______
$\left(\frac{24}{8}\right)^2 =$ ______

d) $\left(\frac{1}{3}\right)^0 =$ ______
$\left(\frac{1}{3}\right)^2 =$ ______
$\left(\frac{1}{3}\right)^{-2} =$ ______
$(x^2)^0 =$ ______

4 Schreibe als Potenz mit positivem Exponenten. Berechne den Potenzwert.

a) $2^{-2} =$ ______
$4^{-1} =$ ______
$\left(\frac{1}{4}\right)^1 =$ ______

b) $\left(\frac{1}{2}\right)^{-3} =$ ______
$\left(\frac{1}{6^2}\right)^{-1} =$ ______
$\left(\frac{12}{6^2}\right)^{-2} =$ ______

c) $\left(\frac{24}{8}\right)^{-2} =$ ______
$\frac{12^{-1}}{6^0} =$ ______
$\left(\frac{2}{3}\right)^{-2} =$ ______

d) $\left(\frac{3}{15}\right)^{-3} =$ ______
$(0{,}25)^{-3} =$ ______
$\left(\frac{37}{4^0}\right)^{-1} =$ ______

5 Schreibe so um, dass nur negative Exponenten auftreten. Berechne den Potenzwert.

a) $\frac{1}{2^2} =$ ______
$\frac{1}{100} =$ ______
$\frac{1}{9} =$ ______

b) $\frac{1}{6^2} =$ ______
$\frac{1}{5^3} =$ ______
$\frac{2}{4^2} =$ ______

c) $\frac{4}{100} =$ ______
$\frac{3}{108} =$ ______
$\frac{2}{98} =$ ______

Zehnerpotenzen

6 Ergänze die fehlenden Tabellenwerte.

	a)	b)	c)	d)	e)	f)
Basis	10	12	7		2	
Exponent				–2		3
Potenz	10^5		7^3	10^{-2}		
Potenzwert		144			$\frac{1}{16}$	–125

7 Ermittle jeweils die fehlenden Zehnerpotenzen bzw. den Zahlenwert.

a) 345 000 000 = $3{,}45 \cdot 10^{\square}$

b) 0,00123 = $1{,}23 \cdot 10^{\square}$

c) ☐ = $8{,}6 \cdot 10^7$

d) ☐ = $6{,}5 \cdot 10^{-5}$

e) 7 610 000 000 = $7{,}61 \cdot 10^{\square}$

f) 0,0000045 = $4{,}5 \cdot 10^{\square}$

g) $-100\,000^3$ = $-1 \cdot 10^{\square}$

h) ☐ = $-7{,}8 \cdot 10^{-6}$

8 Vervollständige zu wahren Aussagen. Ergänze Zehnerpotenzen oder Vorsätze für Einheiten.

a) $1{,}5 \cdot 10^3$ m = 1,5 ☐ m

b) $250 \cdot 10^6$ W = 250 ☐ W

c) $48 \cdot 10^{-2}$ m = 48 ☐ m

d) 9,6 hl = 9,6 · ☐ *l*

e) 73 kg = 73 · ☐ g

*f) 450 dt = 450 · ☐ t

9 Schreibe mit abgetrennten Zehnerpotenzen ($a \cdot 10^k$; $1 \le a < 10$; $k \in \mathbb{Z}$).
Runde dann den Faktor a und führe eine Überschlagsrechnung durch. Berechne danach die Aufgabe sinnvoll mit deinem Taschenrechner.
Gib das Ergebnis für den Faktor a jeweils mit zwei Dezimalstellen an.

Aufgabe	mit abgetrennten Zehnerpotenzen	Zehnerpotenz (a gerundet)	Ergebnis Überschlag	Ergebnis (TR) gerundet
a) 438 000 000 · 5 100 000	$4{,}38 \cdot 10^8 \cdot 5{,}1 \cdot 10^6$	$4 \cdot 10^8 \cdot 5 \cdot 10^6$	$2 \cdot 10^{15}$	$2{,}23 \cdot 10^{15}$
b) 74 000 000 000 : 13 000				
c) 0,00063 · 0,0000097				
d) 147 000 000 : 0,000075				
e) $(1\,300 \cdot 57\,000)^2$				
*f) $\frac{410\,000\,000 \cdot 53\,000\,000}{(37\,000\,000)^2}$				

Quadrat- und Kubikwurzeln

10 Berechne jeweils den Wurzelwert ohne Hilfsmittel.

a) $\sqrt{4}$ = ___	b) $\sqrt{0{,}81}$ = ___	c) $\sqrt{\frac{4}{9}}$ = ___	d) $\frac{\sqrt{16}}{32}$ = ___
$\sqrt[3]{8}$ = ___	$\sqrt{0{,}04}$ = ___	$\sqrt[3]{\frac{27}{8}}$ = ___	$\frac{3}{\sqrt{9}}$ = ___
$\sqrt[3]{125}$ = ___	$\sqrt{1{,}69}$ = ___	$\sqrt[2]{\frac{625}{10\,000}}$ = ___	$\frac{\sqrt{0{,}01}}{10}$ = ___
e) $\sqrt[2]{81}$ = ___	f) $\sqrt{0{,}01}$ = ___	g) $\sqrt{\frac{144}{196}}$ = ___	h) $\frac{\sqrt{36}}{\sqrt[3]{27}}$ = ___
$\sqrt[3]{1\,000\,000}$ = ___	$\sqrt[3]{0{,}008}$ = ___	$\sqrt[3]{\frac{27}{125}}$ = ___	$\frac{4}{\sqrt[3]{64}}$ = ___
$\sqrt[2]{1}$ = ___	$\sqrt[2]{0{,}0016}$ = ___	$\sqrt[3]{\frac{64}{216}}$ = ___	$\frac{\sqrt[3]{27}}{\sqrt{9}}$ = ___

11 Vereinfache. Zerlege den Radikanden in geeignete Faktoren und berechne den Wurzelwert.

a) $\sqrt{810\,000} = \sqrt{81 \cdot 10\,000} = \sqrt{81} \cdot \sqrt{10\,000} = 9 \cdot 100 = 900$

b) $\sqrt[3]{125\,000}$ = ___

c) $\sqrt{9\,000\,000}$ = ___

d) $\sqrt{0{,}0016}$ = ___

e) $\sqrt{0{,}0081}$ = ___

f) $\sqrt{25a^2b^4}$ = ___

12 Berechne die Wurzelwerte.

a) $\sqrt{8} \cdot \sqrt{2} = \sqrt{16} = 4$

$\sqrt{3} \cdot \sqrt{27}$ = ___ = ___

$\sqrt{0{,}1} \cdot \sqrt{90}$ = ___ = ___

b) $\frac{\sqrt{5}}{\sqrt{500}}$ = ___ = ___

$\frac{\sqrt{0{,}4}}{\sqrt{1{,}6}}$ = ___ = ___

$\frac{\sqrt{50}}{\sqrt{2}}$ = ___ = ___

13 Ziehe teilweise (partiell) die Wurzel.

a) $\sqrt{500} = \sqrt{100} \cdot \sqrt{5} = 10 \cdot \sqrt{5}$

$\sqrt{48}$ = ___ = ___

$\sqrt{75}$ = ___ = ___

$\sqrt{128}$ = ___ = ___

b) $\sqrt{0{,}50}$ = ___ = ___

$\sqrt{0{,}08}$ = ___ = ___

$\sqrt{2{,}5}$ = ___ = ___

$\sqrt{90}$ = ___ = ___

Gleichungen mit Potenzen – Zinseszinsrechnung

14 Ein Kapital von 5 000 € soll für fünf Jahre angelegt werden. Die Bank macht zwei verschiedene Angebote:
① Anfangszinssatz von 2,5 % p. a.; pro Jahr eine Steigerung um 0,5 %
② Festzins von 3,5 % p. a. für die gesamte Laufzeit

Welches Angebot ist günstiger?

	Angebot ①	**Angebot ②**
Anfangskapital	5 000 €	5 000 €
1. Jahr	2,5 % von 5 000 € = 125 €	3,5 % von 5 000 € = 175 €
2. Jahr	3,0 % von 5 125 € =	3,5 % von 5 175 € =
3. Jahr		
4. Jahr		
5. Jahr		
Endkapital		

oder: $K_n = K_0 \cdot q^n$

Antwort:

15 Nach wie vielen Jahren hat sich ein Kapital von 10 000 € bei einem Zinssatz von 4 % p. a. verdoppelt?
Bestimme in $K_n = K_0 \cdot q^n$ die Variable n durch Probieren.
$20000\ € = 10000\ € \cdot 1{,}04^n$

n in Jahren	5	10			
K_n in Euro	12 166,52				

Antwort:

16 Familie Sparsam schließt einen Ratensparvertrag zu einem Zinssatz von 4 % p. a. ab.
– einmalige Einzahlung zu Jahresbeginn: 5 000 €
– jeweils jährliche Einzahlung zum Jahresende: 500 €
Über welchen Betrag kann Familie Sparsam nach Ablauf von acht Jahren verfügen?

Gegeben: $K_0 = 5000$ €; p = 4; R = 500 €; n = 8 Gesucht: K_n

Lösung:

Antwort:

Funktionale Zusammenhänge

Funktionen als spezielle Zuordnungen erkennen

1 In der Fußball-Bundesliga ist immer noch Gerd Müller, der zwischen 1965 und 1979 für Bayern München gespielt hat, der Torschützenkönig. Und er wird es auch noch einige Zeit bleiben. Die Top 10 sehen folgendermaßen aus (Stand: 2. 2. 2008):

Platz	Spieler	Verein	Tore	BL-Spiele
1	Gerd Müller	Bayern München	365	427
2	Klaus Fischer	Schalke, Köln, 1860 München, Bochum	268	535
3	Jupp Heynckes	Mönchengladbach, Hannover	220	369
4	Manfred Burgsmüller	Dortmund, Bremen, Essen, Nürnberg	213	447
5	Ulf Kirsten	Leverkusen	182	350
6	Stefan Kuntz	Kaiserslautern, Bochum, Uerdingen, Bielefeld	179	449
7	Dieter Müller	Köln, Stuttgart, Saarbrücken	177	303
8	Klaus Allofs	Köln, Düsseldorf, Bremen	177	424
9	Hannes Löhr	Köln	166	381
10	Karl-Heinz Rummenigge	Bayern München	162	310

a) Finde verschiedene Zuordnungen, die sich aus dieser Tabelle ergeben.
Gib dazu auch jeweils den Definitions- und Wertebereich an.

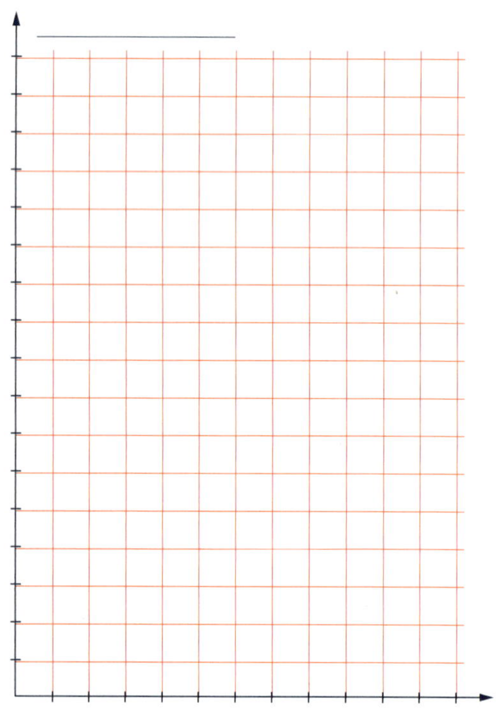

b) Zeichne ein Diagramm der Zuordnung Tore $\rightarrow$ Spiele.

c) Miroslav Klose hat bisher in 225 Spielen 106 Tore geschossen.
Berechne die Anzahl der Spiele, die er noch machen muss, bis er Gerd Müller eingeholt hat, wenn er seinen bisherigen Tordurchschnitt beibehält.

d) Ist die Zuordnung Anzahl Tore $\rightarrow$ Anzahl Spiele eine proportionale Zuordnung?

2 Fülle die folgende Tabelle aus. Prüfe, ob es zu jedem Land genau eine Hauptstadt und zu jeder Hauptstadt genau ein Land gibt.

Land	Frankreich	Spanien	Schweiz	Ungarn
Hauptstadt				

Bemerkung: ______________________________

3 Gib die Koordinaten folgender Punkte möglichst genau an:

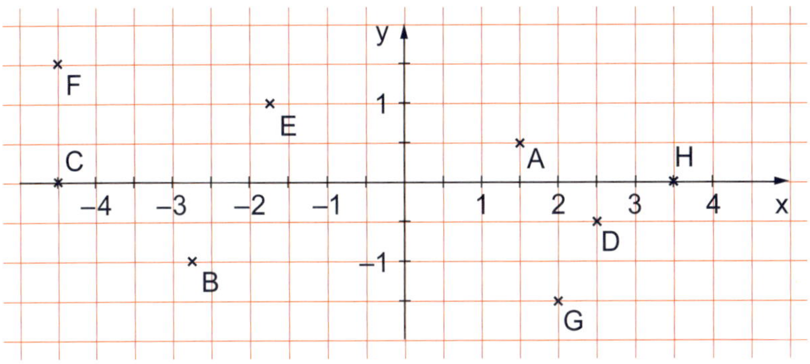

4 Stelle die folgende Zuordnung in einem geeigneten Koordinatensystem dar. Entscheide, ob die Punkte im Koordinatensystem verbunden werden dürfen. Begründe deine Entscheidung.

Zeitpunkt	8 Uhr	9 Uhr	10 Uhr	11 Uhr	12 Uhr	13 Uhr	14 Uhr	15 Uhr	16 Uhr
Temperatur	8,5 °C	10 °C	12 °C	15 °C	17 °C	20 °C	21 °C	19 °	18 °

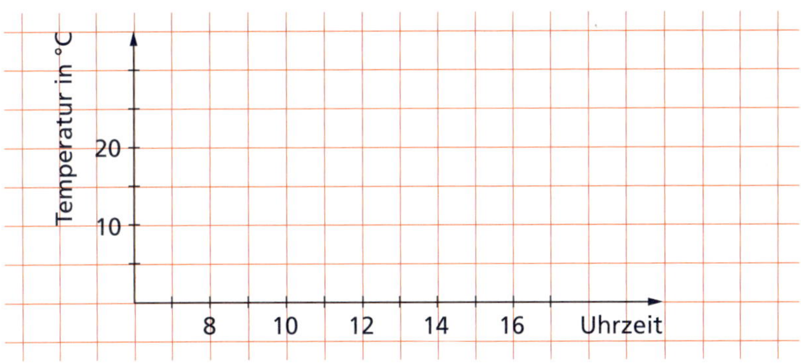

5 In der Tabelle ist der Preis für ein Kordelband in Abhängigkeit von der Länge gegeben.
Fertige eine grafische Darstellung an.
Wähle eine günstige Einteilung der Achsen.
Lies die fehlenden Angaben aus dem Diagramm ab.

Länge (m)	1,00	2,00	1,50	2,40	
Preis (€)	1,20	2,40			4,80

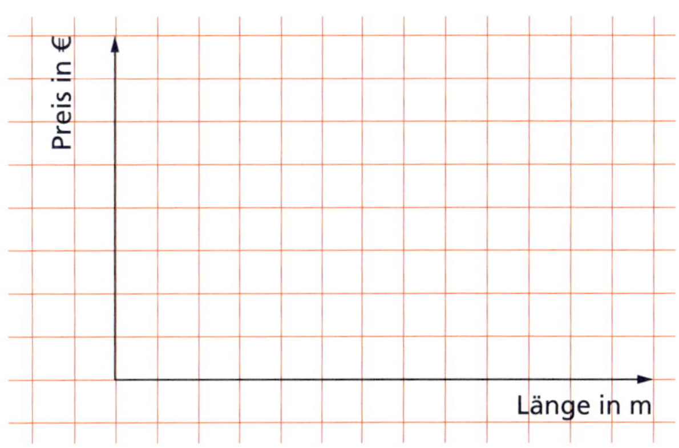

Lineare Funktionen untersuchen

6 Zeichne mit $\triangle x = 1$, $\triangle x = 2$ bzw. $\triangle x = 4$ je ein Steigungsdreieck und berechne den Anstieg. Gehe dazu jeweils von drei verschiedenen Punkten des Graphen aus und trage $\triangle x$ nach rechts ab. Markiere die Seiten $\triangle x$ und $\triangle y$ der Dreiecke entsprechend der Schrittrichtung mit verschiedenfarbigen Pfeilen.

$\triangle$**x**	1	2	4
$\triangle$**y**			
$\frac{\triangle y}{\triangle x}$			

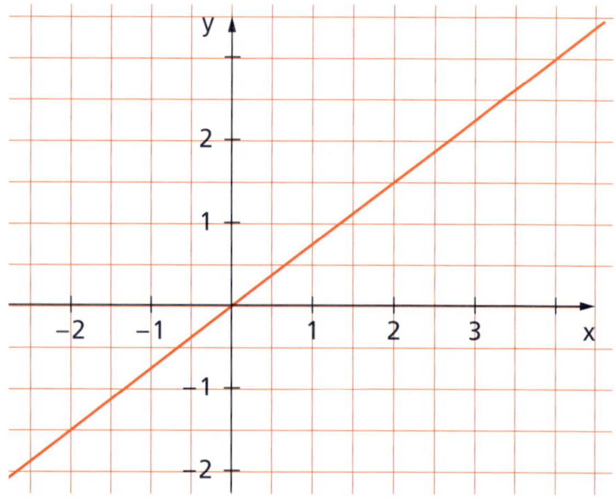

7 Bestimme die Anstiege der Funktionen. Zeichne jeweils ein Steigungsdreieck. Fülle aus.

a)

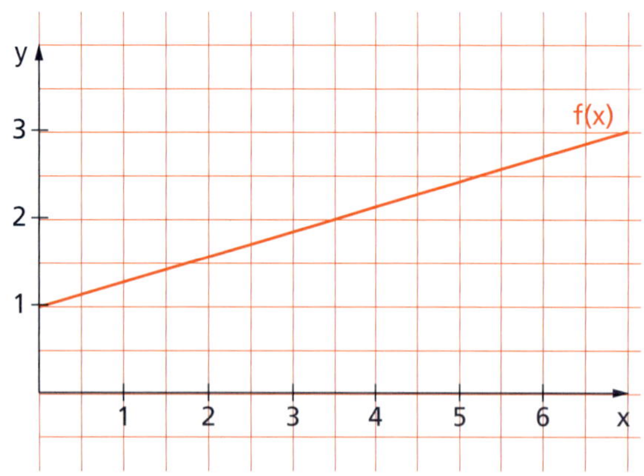

$\triangle x =$; $\triangle y =$; m =

Wenn x um 1 wächst,

b)

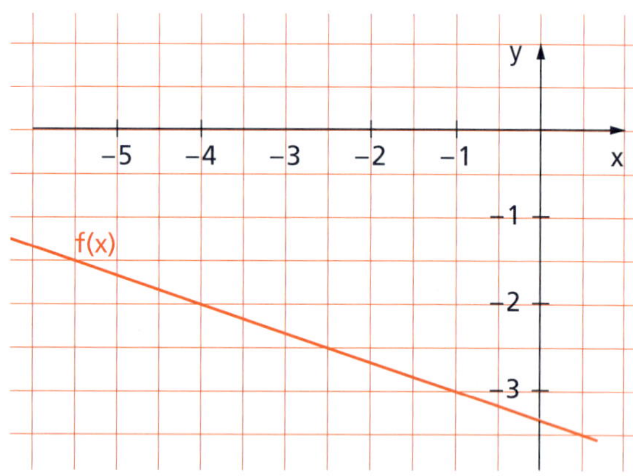

$\triangle x =$; $\triangle y =$; m =

Wenn x um 1 wächst,

8 Bauer Sven hat ein großes Regenwasserreservoir mit 4 500 *l* Wasser. Während einer großen Trockenheit werden pro Stunde 280 *l* Wasser auf das nahe gelegene Feld verteilt.

a) Erstelle eine Wertetabelle für den Wasserausfluss im Stundenabstand.

b) Stelle die Funktionsgleichung für den Wasserausfluss auf.

c) Ermittle, wie viel Liter Wasser nach $4\frac{1}{4}$ Stunden noch im Reservoir sind.

d) Bestimme den Zeitpunkt, an dem das Reservoir leergelaufen ist.

Zeit in h	Restmenge in *l*
0	
1	
2	
4	
6	
8	
10	
12	
14	
16	

9 Skizziere die Graphen folgender Funktionen und fülle die Wertetabelle aus:

① $y = 2x$ ② $y = 0{,}5x$ ③ $y = -\frac{3}{2}x$ ④ $y = -\frac{1}{3}x$

x	−2	−1	0	1	2
① y					
② y					
③ y					
④ y					

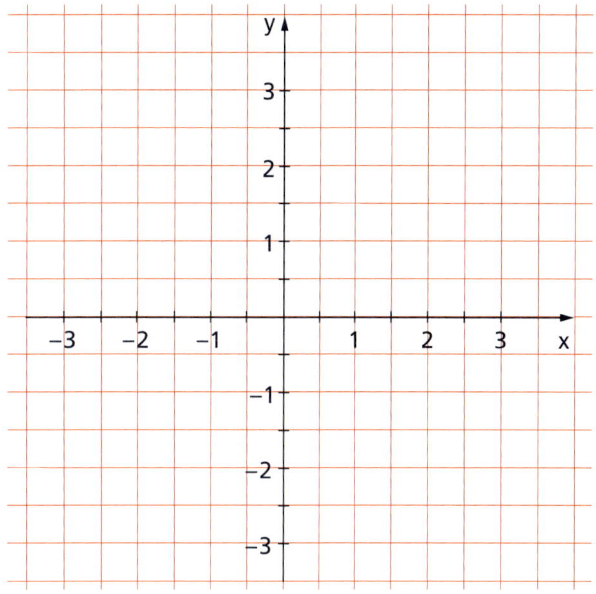

Welche Eigenschaft haben alle Graphen gemeinsam?

____

____

____

10 Gib an, ob folgende Punkte zum Graphen mit der Funktionsgleichung $y = 2{,}5x$ gehören. Begründe durch eine Rechnung.

Punkt	(2|5)	(−3|−7,5)	(0,5|1,5)	(−2|−5)	(0|2,5)
ja/nein	ja				
Begründung	$2{,}5 \cdot 2 = 5$				

11 Skizziere die Graphen folgender Funktionen und fülle die Wertetabelle aus:

① $y = x - 1$ ② $y = x + 2$ ③ $y = -2x + 1$ ④ $y = -2x - 1$

x	−2	−1	0	1	2
① y					
② y					
③ y					
④ y					

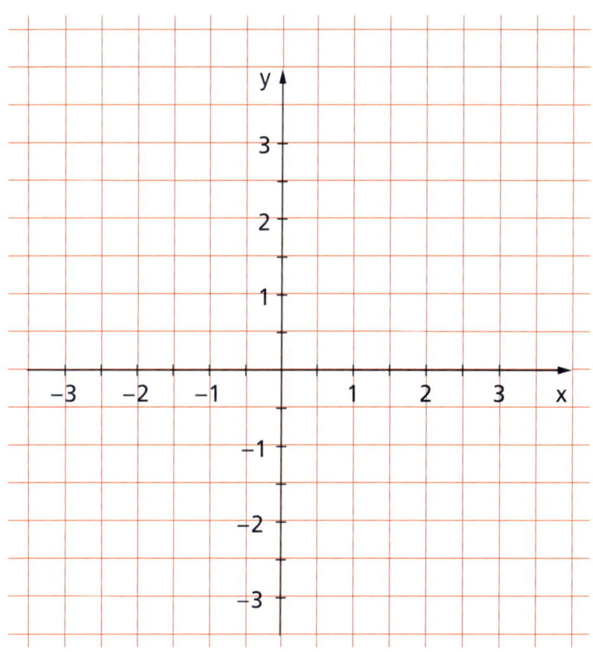

Gib das Monotonieverhalten an.

____

____

____

____

Lineare Funktionen grafisch darstellen

12

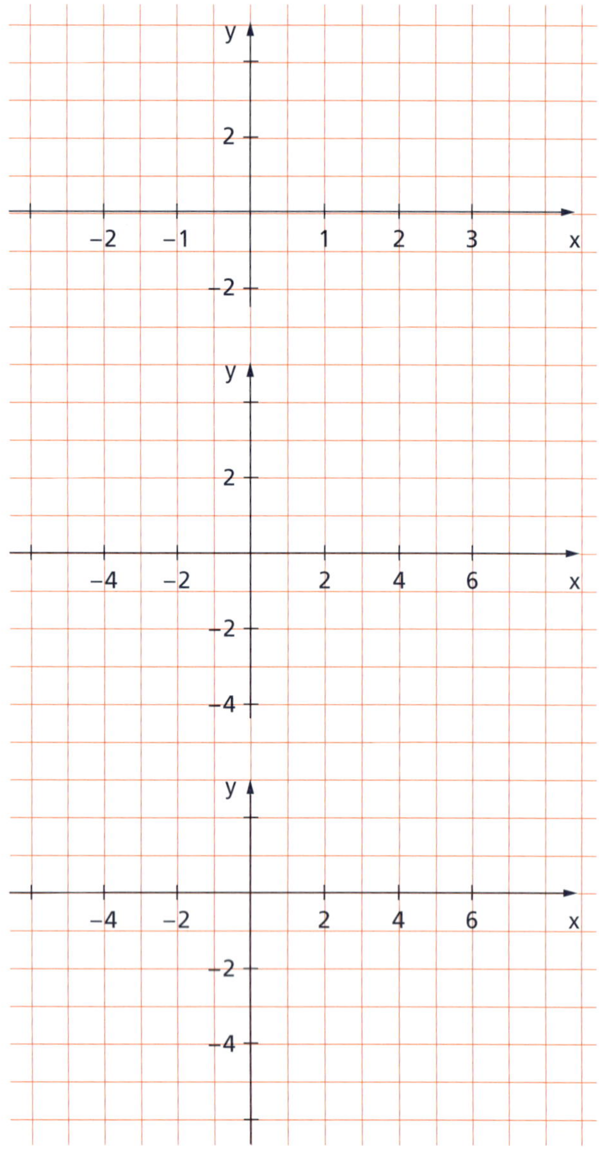

a) Gegeben ist die lineare Funktion
$y = \frac{3}{2}x + 2$.
Zeichne den Funktionsgraphen mittels Steigungsdreieck.

b) Gegeben sind die Punkte A(4|2) und B(7|4). Zeichne den Funktionsgraphen und bestimme die Funktionsgleichung.

____

____

c) Gegeben ist die lineare Funktion
$y = -3x + 1$.
Bestimme den Achsenabschnitt auf der x- und der y-Achse.

____

____

____

13 $y = \frac{4}{3}x - 2$ ist die Gleichung einer linearen Funktion. Der Punkt A(u|−1) liegt auf dem Graphen.

a) Bestimme u. ____________________

b) Berechne die Nullstelle. ____________________

c) Bestimme die Werte von x, für die $y > 1$ ist. ____________________

d) Gib den Wertebereich an für $0 \leq x \leq 4$. ____________________

14 Berechne von folgenden Funktionen jeweils die Nullstellen:

a) $y = \frac{1}{2}x + 3$ ________________ b) $y = -4x + \frac{1}{8}$ ________________

c) $y = \frac{3}{2}x - \frac{1}{4}$ ________________ d) $y = -\frac{3}{8}x + 2$ ________________

e) $y = -2x + \frac{1}{256}$ ________________ f) $y = 256x - \frac{1}{2}$ ________________

15 In der Spielkiste eines Kindergartens sind noch 650 Bausteine vorhanden.
Täglich gehen 15 Bausteine verloren.

a) Gib die Funktionsgleichung der linearen Funktion an.

b) Bestimme die Anzahl der Tage bis nur noch 95 Bausteine vorhanden sind.

16 Leon musste operiert werden und bekommt nun eine Infusion mit einem Schmerzmittel.
Dabei ist in der Infusionsflasche noch folgender Inhalt:

Zeit t in min	15	30	45	60	75	90	105	120
Flascheninhalt in cm³	880	760	640	520				

a) Trage in der Tabelle die fehlenden Werte ein.

b) Zeichne die Punkte in ein Koordinatensystem und überprüfe, ob die Punkte auf dem Graphen einer linearen Funktion liegen.

c) Bestimme die Funktionsgleichung der linearen Funktion.

d) Gib den Zeitpunkt an, an dem die Infusionsflasche leer ist.

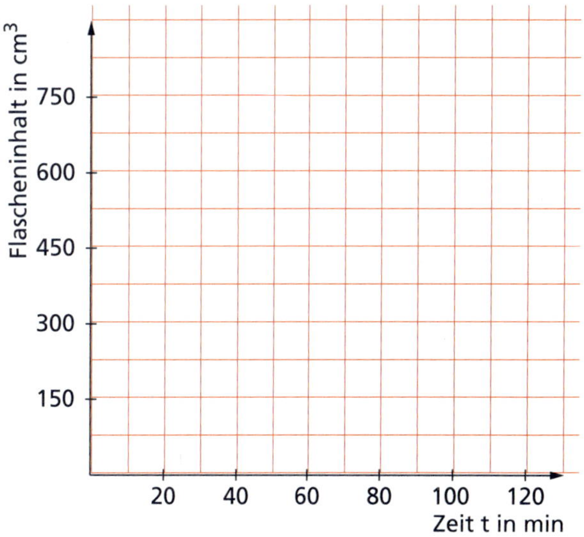

17 Maria bekommt von ihrem Handyanbieter drei Tarife zur Auswahl:
Bei Tarif A zahlt sie pro Gesprächsminute 0,10 €.
Beim Tarif B zahlt sie eine monatliche Grundgebühr von 5 € und telefoniert pro Minute für 0,045 €.
Der Tarif C ist eine Flatrate, bei der Maria pro Monat 25 € bezahlen muss, dafür zahlt sie keinen Minutenpreis mehr.

a) Stelle für alle drei Tarife die entsprechenden Funktionsgleichungen auf.

b) Maria telefoniert 200 min im Monat. Untersuche, welcher Tarif der günstigste ist.

18 Eine volle Saftpackung (1,5 *l*) wird beim Einstellen in den Kühlschrank leicht beschädigt. Jede Minute tropfen 3 ml aus der Packung.
Bestimme den Zeitpunkt, an dem die Saftpackung nur noch halb voll ist.

19 Frau Hurtig startet in Hamburg um 10.00 Uhr in Richtung München und fährt mit ihrem Kleinwagen eine konstante Geschwindigkeit von $100\ \frac{km}{h}$.

Ihr Freund Herr Maier bemerkt um 11.00 Uhr, dass Frau Hurtig ihr Handy vergessen hat. Er versucht, ihr hinterher zu fahren. Mit seinem schnellen Sportwagen fährt er eine konstante Geschwindigkeit von $140\ \frac{km}{h}$.

Zeichne und bestimme, wann Herr Maier Frau Hurtig einholt.

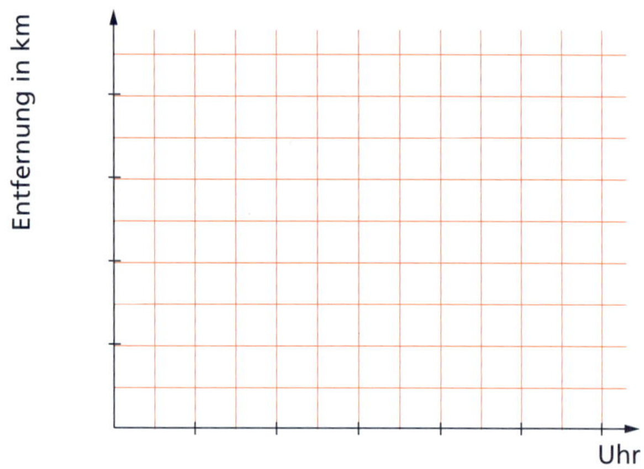

20 Ein Schiff S_1 bewegt sich von einem Punkt A mit einer gleichbleibenden Geschwindigkeit von acht Knoten in Richtung Nordosten. Ein zweites Schiff S_2 startet zum gleichen Zeitpunkt mit einer gleichbleibenden Geschwindigkeit von fünf Knoten ebenfalls in Richtung Nordosten von einem Punkt B, der 20 km vom Punkt A entfernt ist.
Bei einer Geschwindigkeit von einem Knoten legt ein Schiff $1{,}852\ \frac{km}{h}$ zurück.

a) Stelle die Entfernung der beiden Schiffe vom Punkt A in Abhängigkeit von der gefahrenen Zeit dar.

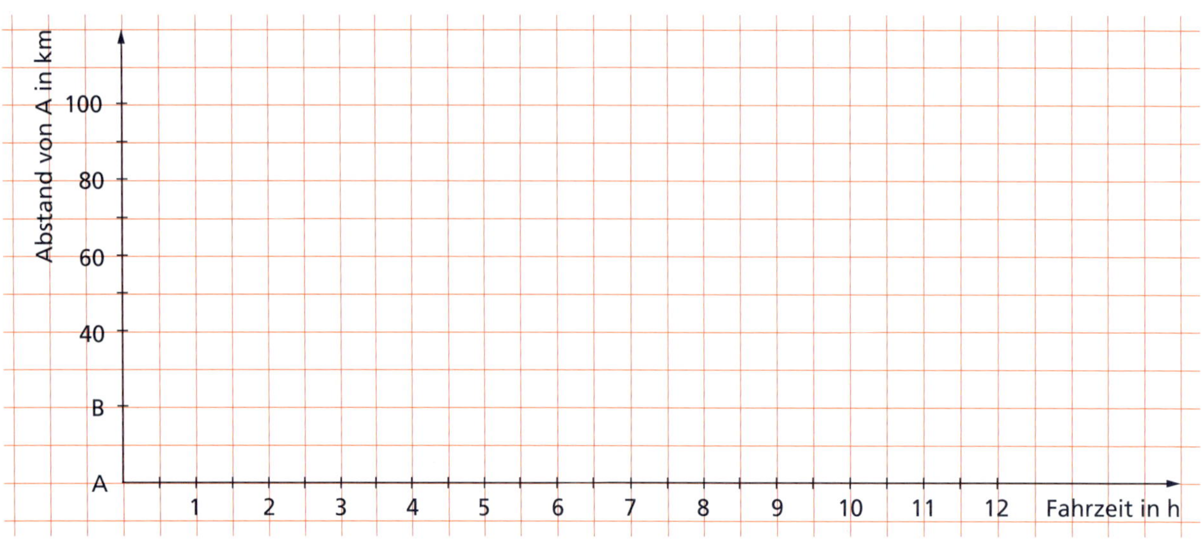

b) Nach welcher Fahrzeit haben beide Schiffe die gleiche Entfernung zum Punkt A?

Graphen beschreiben

21 Der Graph beschreibt den Wasserstand in einer Badewanne. Kreuze wahre Aussagen an. Nimm dabei an, dass die Querschnittsfläche der Wanne konstant ist.

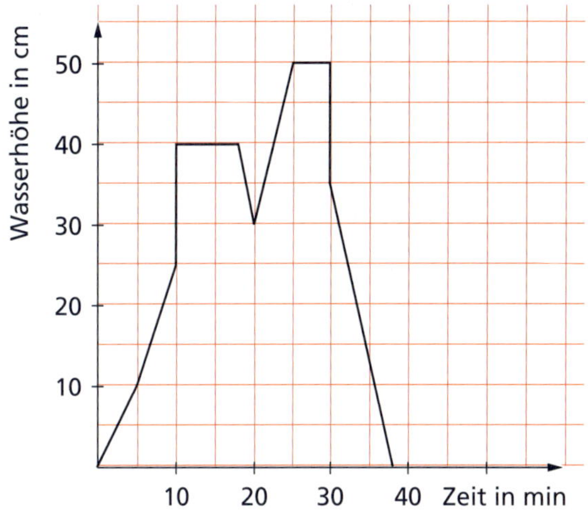

- ☐ Fritz hat das Wasser gleichmäßig einlaufen lassen.
- ☐ Fritz hat den Wasserhahn nach 5 min stärker aufgedreht.
- ☐ Nach 10 min ist Fritz in die Wanne gestiegen.
- ☐ Beim Einsteigen in die Wanne stieg der Wasserstand um 20 cm.
- ☐ Fritz hat insgesamt 20 min in der Wanne gesessen.
- ☐ Fritz hat während des Badens weder Wasser zu- noch abfließen lassen.
- ☐ Nach einer Badezeit von 10 min hat Fritz Wasser zufließen lassen.
- ☐ Nachdem Fritz aus der Wanne gestiegen ist, stand das Wasser darin noch 35 cm hoch.
- ☐ Das Wasser läuft innerhalb von 5 min ab.

22 Die Klasse 8 a fährt am Wandertag mit dem Regionalzug von Ohausen nach Ahausen. Den Verlauf der Fahrt mit dem Regionalzug kannst du dem Weg-Zeit-Diagramm entnehmen.

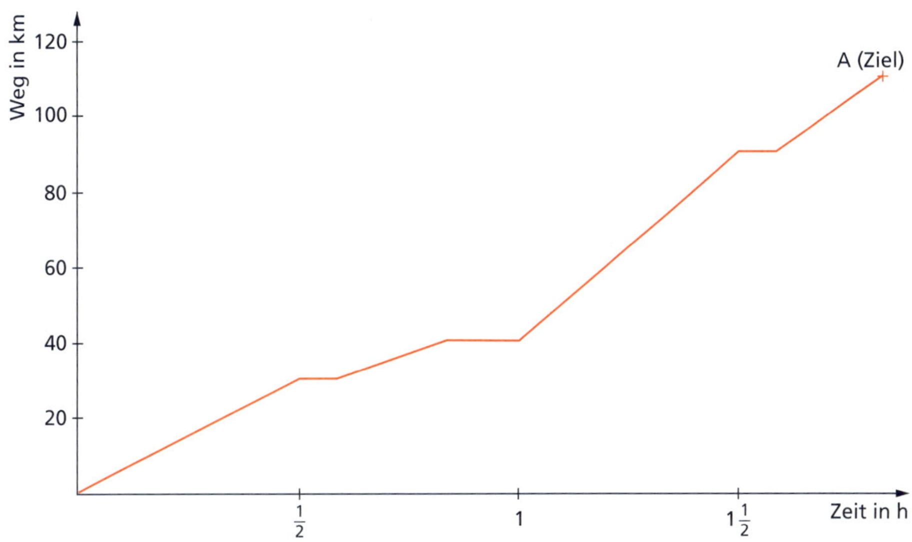

Mache Aussagen über Fahrzeit, größte und kleinste Geschwindigkeit, Durchschnittsgeschwindigkeit und Haltezeiten.

____

____

____

Lösen von linearen Gleichungen und Gleichungssystemen

Lösen durch Probieren

1 Setze in jede Gleichung eine Zahl so ein, dass eine wahre Aussage entsteht.

a) $(12 + \square) : 3 = 6$

b) $\square^2 + 1 = 122$

c) $\sqrt{\square + 4} = 8$

d) $\square \cdot (\square + 5) = 0$

e) $10^{\square} + 1 = 1001$

f) $-144 : \square = 24 : \frac{1}{2}$

g) $\square \cdot \square = \square + \square$

h) $\square^2 + \square = \square \cdot 6$

2 In welchen Fällen ist x eine Lösung der Gleichung? Führe jeweils eine Probe durch.

Gleichung	Wert für x	Probe	Aussage	Antwort
$9x + 2 = -25$	$x = -3$	$9 \cdot (-3) + 2 = -25$	wahr	−3 ist Lösung
$-4 - 8x = 36$	$x = 5$			
$x + x = x^2$	$x = -1$			
$3x - 5 = x + 4$	$x = 4{,}5$			
$x \cdot (x - 1) = 0$	$x = 1$			
$\lvert x + 17 \rvert = 34$	$x = -17$			

3 Schreibe kürzer. Vereinfache Produkte aus Zahlen durch Rechnen.

a) $4 \cdot a =$ ______

b) $1 \cdot b =$ ______

c) $-5 \cdot c \cdot 2 =$ ______

d) $d \cdot 7 =$ ______

e) $e \cdot 2 =$ ______

f) $\frac{1}{2} \cdot (-f) \cdot 4 =$ ______

g) $g \cdot (-12) =$ ______

h) $h \cdot (-1) =$ ______

i) $2 \cdot i \cdot i \cdot (-1) =$ ______

j) $-k \cdot (-2) \cdot (-5) =$ ______

k) $12 \cdot (-m) \cdot \frac{1}{3} =$ ______

l) $-n \cdot n \cdot (-x) \cdot (-x) =$ ______

4 Ermittle die Termwerte für $a = 2$; $b = -0{,}5$; $c = \frac{1}{5}$ und $d = -0{,}2$. Vereinfache die Terme vorher.

	Term	Vereinfachung	Berechnung
a)	$-0{,}2a + (-5a) - \frac{1}{2}b + (-10\,b)$	$-5{,}2a - 10{,}5b$	$-5{,}2 \cdot 2 - 10{,}5 \cdot (-0{,}5) =$
b)	$-0{,}2a \cdot (-5b) \cdot \frac{1}{2}c \cdot (-10\,d)$		
c)	$(a - 1) \cdot 8 - (b - 2) \cdot 5 + c$		
d)	$\frac{2a \cdot 5d \cdot 3b}{8c \cdot 6a \cdot 4d}$		

5 Kreuze diejenigen Zahlenpaare an, die Lösungen der Gleichung sind.

a) $3x = 5y + 2$	☐ $x = 2;\ y = 0{,}8$	☐ $x = 3{,}5;\ y = 1{,}8$	☐ $x = -6;\ y = -4$
b) $9x + y = 80$	☐ $x = 3;\ y = 50$	☐ $x = -2;\ y = 98$	☐ $x = -4{,}6;\ y = 121{,}4$
c) $9m - 3n = 18$	☐ $m = 1{,}5;\ n = -1{,}5$	☐ $m = -0{,}8;\ n = -8{,}2$	☐ $m = 4{,}25;\ n = 7$
d) $0{,}4a - 3 = 1{,}2b$	☐ $a = -6;\ b = -4$	☐ $a = 0{,}6;\ b = -2{,}5$	☐ $a = 8{,}4;\ b = 0{,}3$
e) $\frac{1}{2}x + 0{,}5 = 4y$	☐ $x = -3;\ y = 2$	☐ $x = 15;\ y = 2$	☐ $x = 6{,}5;\ y = 65$

6 Beim Lösen der folgenden Aufgaben wurden Fehler gemacht.
Berichtige die Fehler und gib die richtige Lösung an. Begründe dann mittels Probe.

a) $3 + (x - 3) = 0$	$3 + (x - 3) = 0$	Probe:
$3 + x + 3 = 0$	__________	linke Seite: __________
$x = -6$	__________	rechte Seite: __________
$L = \{-6\}$	__________	Vergleich: __________
b) $(x - 3) + x = 3x - 3$	$(x - 3) + x = 3x - 3$	Probe:
$3x + x = 3x + 3$	__________	linke Seite: __________
$x = 3$	__________	rechte Seite: __________
$L = \{3\}$	__________	Vergleich: __________
c) $2 \cdot (x - 1) = x + 4$	$2 \cdot (x - 1) = x + 4$	Probe:
$2x = x + 4$	__________	linke Seite: __________
$x = 4$	__________	rechte Seite: __________
$L = \{4\}$	__________	Vergleich: __________

7 Löse die folgenden Gleichungen. Begründe, wenn es keine Lösung gibt.
Du kannst zum Lösen der Gleichungen auch einen Taschenrechner benutzen.

a) $x^2 = 64$ __________

b) $x^2 = 225$ __________

c) $x^2 = -4$ __________

d) $9x^2 = 18$ __________

e) $49x^2 = 25$ __________

f) $-36x^2 = 144$ __________

g) $5x^2 = 25$ __________

Lösen mit Umformungsregeln

8 Löse die Gleichung. Begründe dein Vorgehen.

$17x - 3 = 25 + 3x \quad | -3x$ Ich subtrahiere 3x, um die Addition von 3x aufzuheben.

_____ = _____ | _____ ____________________

_____ = _____ | _____ ____________________

_____ = _____

9 Löse durch Umformen. Vervollständige den Lösungsweg. Führe eine Probe durch.

$3 \cdot (-3x + 4) - 9 = -13 - (4 - x) \quad |$ __________

_____ = _____ | __________

_____ = _____ | __________

_____ = _____ | __________

x = _____

Probe: linke Seite: __________

rechte Seite: __________

Vergleich: __________

10 Durch jeweils einen der folgenden Umformungsschritte steht die Variable auf einer Seite isoliert. Streiche die anderen Umformungsschritte durch.

$-13 + a = 48$	$+13$	-48	$\cdot(-13)$	$:13$
$b + 1{,}8 = -4{,}5$	$+4{,}5$	$-1{,}8$	$\cdot 1{,}8$	$:(-4{,}8)$
$-30 = -5 \cdot c$	$+30$	$+5$	$\cdot(-5)$	$:(-5)$

11 Löse durch Umformen. Vervollständige. Führe zu a und b eine Probe durch.

a) $3x = 12 - x \quad |$ _____

_____ = _____ | _____

_____ = _____

Probe: linke Seite: __________

rechte Seite: __________

Vergleich: __________

b) $15 - 2x = 5x - 13 \quad |$ _____

_____ = _____ | _____

_____ = _____ | _____

_____ = _____

Probe: linke Seite: __________

rechte Seite: __________

Vergleich: __________

c) $23x - 35 + 12 - 20x = 19 + 5x - 18x - 10 \quad |$ Zusammenfassen

3x = _____ | __________

_____ = _____ | __________

_____ = _____ | __________

x = _____

Lösen von Sachaufgaben

12 Drei Geschwister haben zusammen 134 € gespart. Jan hat 14 € mehr gespart als Hanna, Leonie aber doppelt so viel Euro wie Hanna. Wie hoch sind die Ersparnisse der einzelnen Geschwister?

Lösung:

Ersparnis von Hanna: x Ersparnis von Jan: ______ Ersparnis von Leonie: ______

Die Gleichung lautet also: ______ = ______

______ = ______ | ______

______ = ______ | ______

______ = ______

Antwort: ______

13 1050 € sollen unter drei Geschwistern so geteilt werden, dass jedes folgende Kind 200 € mehr erhält als das ältere. Wie viel Euro bekommt jedes Kind?

Lösung:

erstes Kind: ______

zweites Kind: ______

drittes Kind: ______

Zusammen: ______

Die Gleichung lautet also: ______ = ______

______ = ______ | ______

______ = ______ | ______

______ = ______

Antwort: ______

14 Jonas wandert mit einer Durchschnittsgeschwindigkeit von $5\,\frac{\text{km}}{\text{h}}$ zu Hause los. Weil er etwas vergessen hat, muss sein großer Bruder ihm hinterherlaufen. Sein Bruder hat eine Geschwindigkeit von $8\,\frac{\text{km}}{\text{h}}$. Er bricht 1 h 15 min später auf.

Bestimme die Zeit, in der Jonas von seinem Bruder eingeholt wird. Vervollständige die Angaben.

Jonas: v = ______

$6{,}25\text{ km} + 5\,\frac{\text{km}}{\text{h}} \cdot x$

Bruder: v = ______ ______

Gleichung: ______

______

Antwort: ______

Lösungsmengen bestimmen

15 Fülle die Wertetabellen aus und kennzeichne das Zahlenpaar farbig, das zu beiden Lösungsmengen gehört.

I $y = x + 1$

x	−2		0	2	4
y		0			

II $2y - x = 4$ y = ____________

x	−2	0		4	6
y			3		

16 a) Stelle die Gleichung nach x um. Fülle die Wertetabellen aus.
b) Trage die Zahlenpaare ins Koordinatensystem ein.
c) Welche Zahlenpaare gehören zu beiden Gleichungen?

I $x + y = 2$ y = ____________

x	−2	−1	0	1	2	3
y						

II $2x - y = 4$ y = ____________

x	−2	−1	0	1	2	3
y						

Gemeinsame Zahlenpaare: ____________

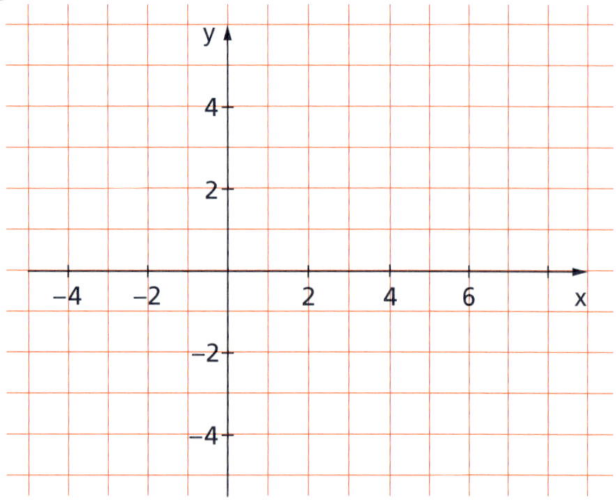

17 In dem Koordinatensystem sind die Lösungsmengen dreier Gleichungen mit jeweils zwei Variablen dargestellt.

a) Gib die Gleichungen an.

I ____________

II ____________

III ____________

b) Gib die Koordinaten der Schnittpunkte der Graphen näherungsweise an.

S ____________ T ____________

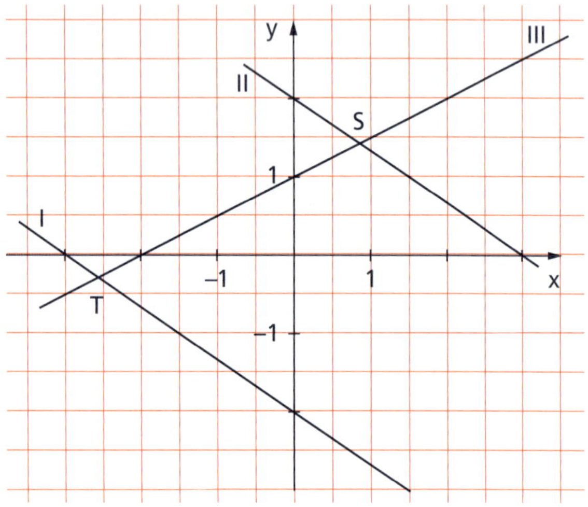

18 Überprüfe, ob $x = 3$ und $y = 2{,}5$ Lösung des folgenden Gleichungssystems ist.
Setze in jede Gleichung ein. Vergleiche mit Aufgabe 17.

I $y = x - 0{,}5$ I ____________

II $y = 1{,}5\,x - 2$ II ____________

____

19 Zeichne die Graphen folgender Funktionen.
Lies gegebenenfalls die Koordinaten der Schnittpunkte ab.

a) I $y = x + 1$
II $y = -x + 2$

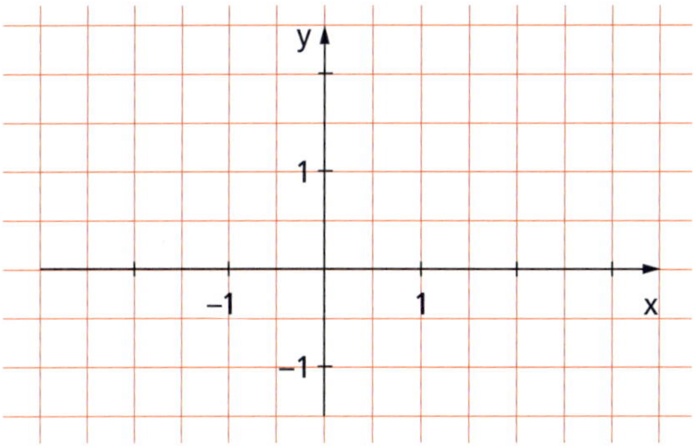

b) I $y = x - 0{,}5$
II $y = 1{,}5\,x - 1$

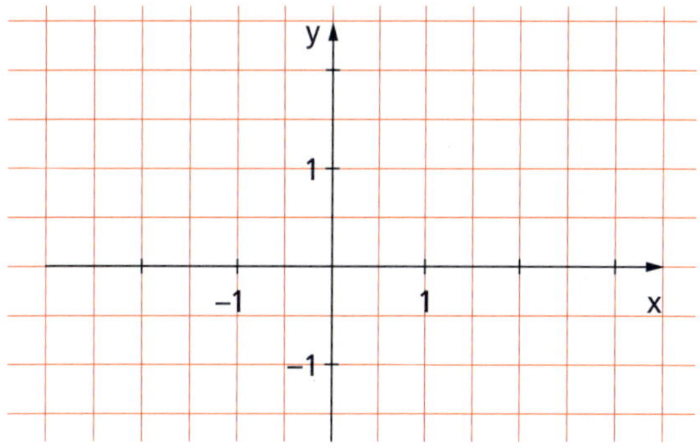

c) I $y = -x + 2$
II $x + y = 2$

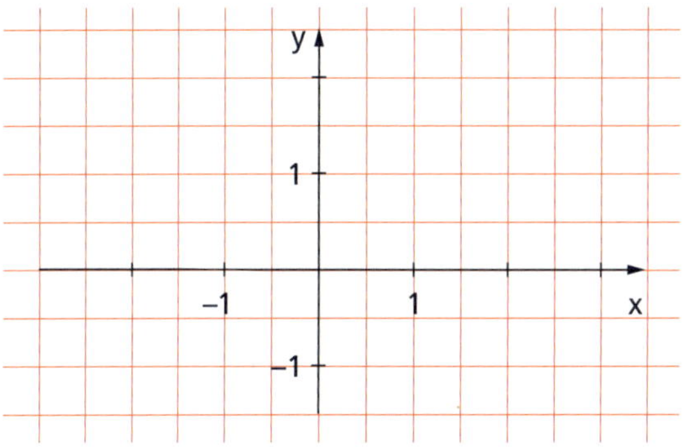

d) I $4y + x = 0$
II $x + 4y = 4$

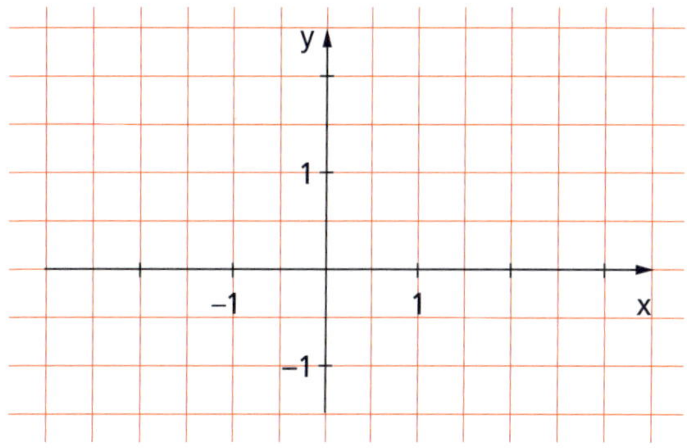

20 Ermittle die Koordinaten der Schnittpunkte des entsprechenden Funktionspaares zeichnerisch.

a) $f(x) = -\frac{1}{2}x + 2$
$g(x) = x - 1$
S(|)

b) $k(x) = 2x + 3$
$l(x) = -\frac{1}{2}x - 2$
S(|)

c) $f(x) = -\frac{1}{2}x + 2$
$k(x) = 2x + 3$
S(|)

d) $g(x) = x - 1$
$k(x) = 2x + 3$
S(|)

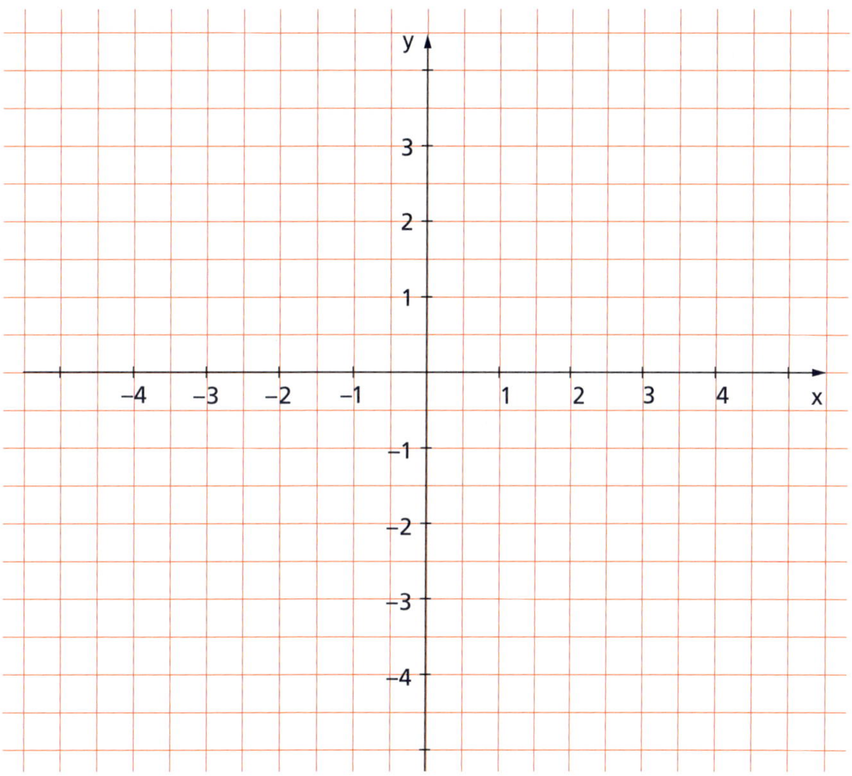

Rechnerisches Lösen linearer Gleichungssysteme

21 Löse die folgenden Gleichungssysteme mit dem Gleichsetzungsverfahren:

	Schrittfolge	**I** **II**	**$2x + y = -1$** **$y - 3x = 9$**	**I** **II**	**$y = 4x - 66$** **$2y = 33 - 3x$**
1.	Auflösen beider Gleichungen nach der gleichen Variablen	I II	$2x + y = -1$ $y - 3x = 9$	I II	$y = 4x - 66$ $2y = 33 - 3x$
2.	Gleichsetzen der rechten Seiten Lösung für 1. Variable				
3.	Lösung für 2. Variable				
4.	Probe				

22 Löse die folgenden Gleichungssysteme mit dem Einsetzungsverfahren:

	Schrittfolge	**I** **II**	**$2x = 4y - 2$** **$3x - y = 12$**	**I** **II**	**$-y - 5x = 22$** **$2x + y = 14$**
1.	Auflösen einer Gleichung nach einer Variablen	I I a		II II a	
2.	Ersetzen dieser Variable in der zweiten Gleichung Lösen dieser Gleichung	II		I	
3.	Berechnen des Wertes der zweiten Variablen	I a		II a	
4.	Probe an beiden Ausgangsgleichungen	I II		I II	

23 Übersetze folgende Zahlenrätsel in Gleichungen und bestimme die unbekannten Zahlen x und y. Überprüfe dein Ergebnis am Text.

a) Die Summe zweier Zahlen ist 19, ihre Differenz beträgt 9.

b) Die Summe zweier Zahlen beträgt 43. Das Siebenfache der kleineren Zahl ist um 5 größer als die größere der beiden Zahlen.

24 Löse die folgenden Gleichungssysteme mit dem Additionsverfahren:

	Schrittfolge	I $x - y = 6$ II $x + y = 4$	I $x - y = 9$ II $x - 2y = 34$
1.	Addieren oder Subtrahieren beider Gleichungen Lösen der Gleichung	I + II	I – II
2.	Bestimmen des Wertes der zweiten Variablen		
3.	Probe an beiden Ausgangsgleichungen	I II	I II

25 Löse folgende Aufgabe mithilfe einer Tabelle. Führe dann eine Probe am Text durch.
Eine Mutter ist heute 22 Jahre älter als ihr Sohn. In neun Jahren wird sie doppelt so alt sein wie ihr Sohn dann ist.
Wie alt sind Mutter und Sohn heute?

	Alter heute	Alter in 9 Jahren	Lösung der Gleichung
Mutter			
Sohn			
Gleichung			

Probe am Text:

	Alter heute	Alter in 9 Jahren	Antwort
Mutter			
Sohn			

26 Löse die folgenden linearen Gleichungssysteme:

a) I $2x + 2y = 4$

II $3x = -y + 4$

b) I $-6x = y + 12$

II $y = 0{,}5x + 1$

27 Lilly sagt: „Ich wiege 22 kg und die Hälfte meines Gewichts." Gib an, wie viel Kilogramm sie wiegt.

28 Wie viele Lösungen haben folgende Gleichungssysteme?
Zeichne die Graphen ins Koordinatensystem und prüfe deine Entscheidung.

a) I $12x - 9y = 18$

II $3y + 2x = 0$

I a

II a

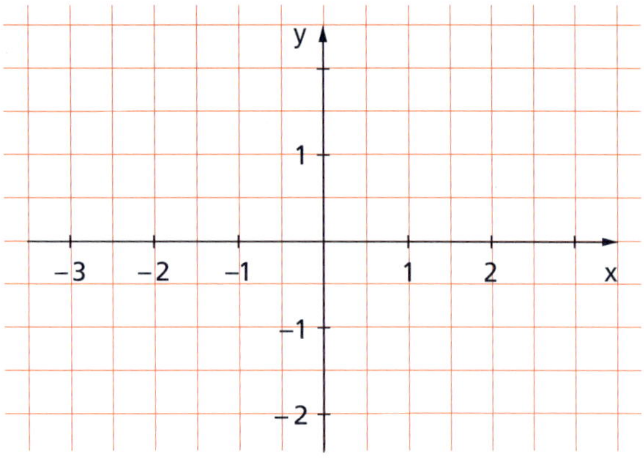

b) I $x + y = 1$

II $-2x - 2y = -2$

I a

II a

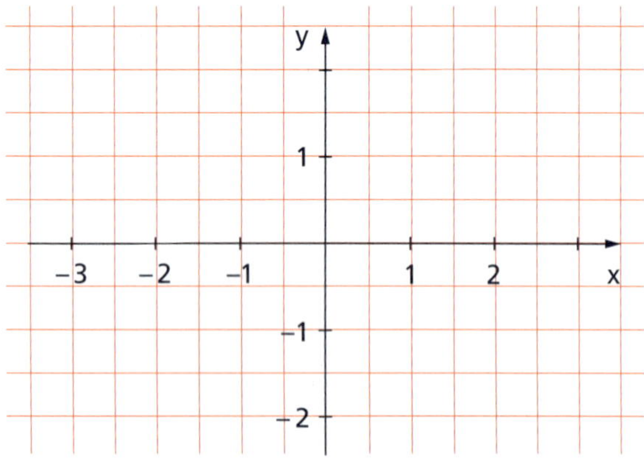

c) I $\frac{x+y}{2} = \frac{1}{2}$

II $\frac{x+y}{3} = \frac{2}{3}$

I a

II a

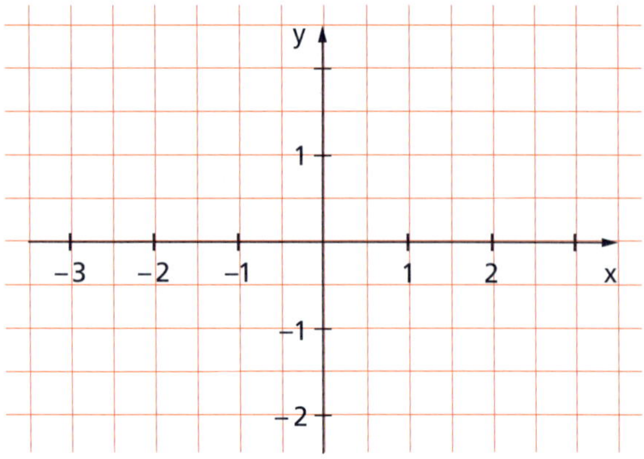

Z Die Summe zweier Zahlen sei 12. Die eine der beiden Zahlen soll doppelt so groß sein wie die andere Zahl. Für welche Zahlen trifft diese Eigenschaft zu?

Modellieren – Anwenden linearer Gleichungssysteme

29 Ein Lkw fährt um 10.00 Uhr von einer Raststätte los, ein Pkw folgt ihm 30 Minuten später. Der Lkw fährt mit einer durchschnittlichen Geschwindigkeit von 70 $\frac{km}{h}$, der Pkw mit einer durchschnittlichen Geschwindigkeit von 100 $\frac{km}{h}$. Nach wie viel Kilometer holt der Pkw den Lkw ein?
Löse zeichnerisch. Ergänze die Angaben.

____

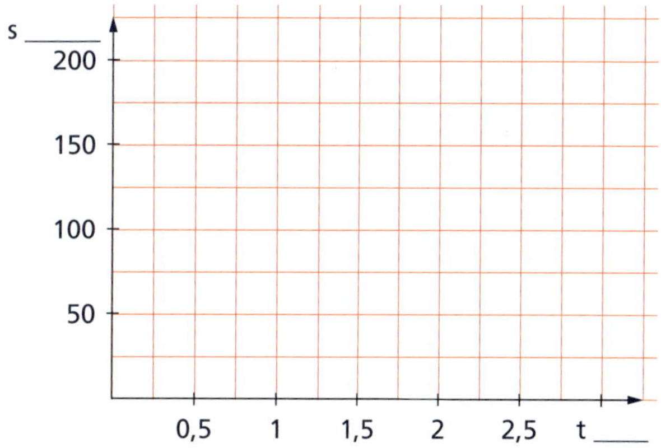

30 Ein Dampfer legt stromabwärts 32 $\frac{km}{h}$ zurück. Stromaufwärts schafft er nur 14 $\frac{km}{h}$.
Berechne die Strömungsgeschwindigkeit des Flusses und die Geschwindigkeit des Dampfers.

In Fließrichtung: $v_D \cdot 1\ h + v_F \cdot 1\ h = 32\ km$

Entgegen der Fließrichtung: $v_D \cdot 1\ h$ ______________________________

Gleichung: ______________________________

____

Antwort: ______________________________

31 Ein Fuhrunternehmer hatte es übernommen, das Material für einen Straßenbau mit zwei Lastkraftwagen in 15 Tagen anzufahren. Nach zehn Tagen musste er einen Lkw abziehen. Der andere Lkw fuhr nun allein noch sechs Tage, dann war das gesamte Material herangeschafft.
Berechne die Anzahl an Tagen, die jeder Lkw alleine gebraucht hätte, um das Material anzufahren.

____

____

32 Die Karten für ein Schulkonzert kosten für Erwachsene 1,50 € und für Schüler 1,00 €. Die Einnahme aus dem Kartenverkauf betrug 525,00 €. Bei der Wiederholung des Konzerts, das diesmal nur für Schüler stattfand, wurde die gleiche Anzahl Karten verkauft. Diesmal betrug die Einnahme aber 410,00 €. Ermittle die Zahl der verkauften Karten und die Aufteilung beim ersten Konzert.

____

____

33 Frau Schmitz möchte auf ihrer Bank einen 20-Euro-Schein in 1-Euro-Münzen und 50-Cent-Münzen umtauschen. Der Bankangestellte gibt ihr von den 1-Euro-Münzen acht Stück mehr als von den 50-Cent-Münzen. Bestimme, wie viele Münzen Frau Schmitz von jeder Sorte erhalten hat.

____

____

Ähnlichkeit

Ähnlichkeit von Dreiecken

1 Gegeben sind zwei Dreiecke ABC und DEF.
Stelle anhand der gegebenen Stücke fest, ob die Dreiecke zueinander ähnlich sind.

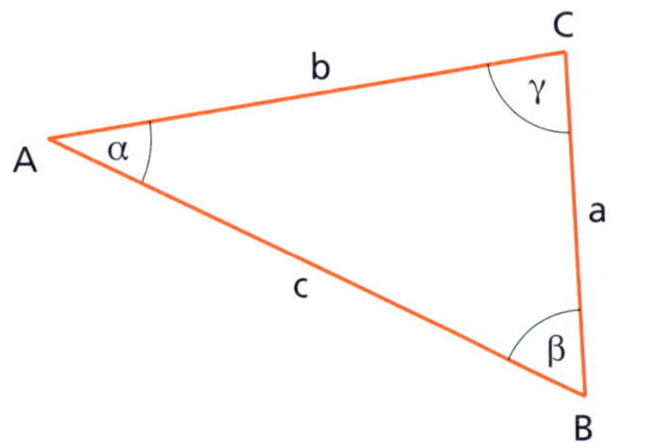

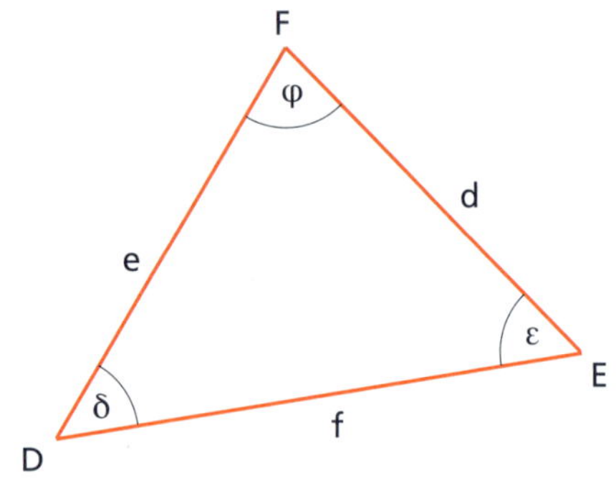

	Dreieck ABC	Dreieck DEF	ähnlich ja	ähnlich nein
a)	$\alpha = 42°$; $b = 4$ cm; $\gamma = 76°$	$d = 6$ cm; $\varphi = 76°$; $\delta = 42°$		
b)	$a = 2{,}1$ cm; $b = 3$ cm; $c = 1$ cm	$d = 6$ cm; $e = 4{,}2$ cm; $f = 2$ cm		
c)	$\beta = 68°$; $a = 4$ cm; $c = 3$ cm	$d = 8$ cm; $\delta = 68°$; $f = 9$ cm		
d)	$b = 6$ cm; $c = 8$ cm; $\alpha = 42°$	$\varphi = 42°$; $e = 2$ cm; $d = 1{,}5$ cm		
e)	$a = 3$ cm; $\gamma = 84°$; $c = 7$ cm	$f = 14$ cm; $\varphi = 84°$; $e = 6$ cm		
f)	$b = 4{,}5$ cm; $c = 7{,}5$ cm; $a = 1{,}5$ cm	$f = 1{,}5$ cm; $d = 2{,}5$ cm; $e = 8$ cm		

2 Zeichne das Dreieck ABC mit $a = 3$ cm, $\beta = 45°$, $c = 5$ cm und ein dazu ähnliches Dreieck A'B'C' mit $c' = 7$ cm.

3 Sind die folgenden Aussagen wahr oder falsch? Begründe.

a) Alle rechtwinkligen Dreiecke sind zueinander ähnlich.

b) Alle gleichseitigen Dreiecke sind zueinander ähnlich.

Zentrische Streckung

4 Vergrößere mit dem angegebenen Faktor k. Bezeichne die Eckpunkte in den Figuren.

a)

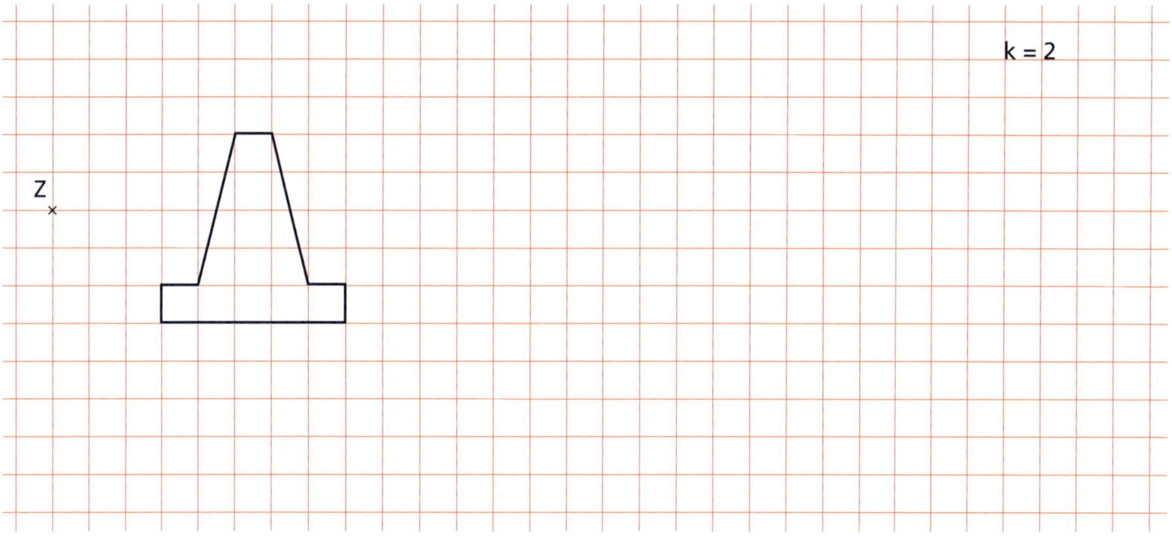

b)

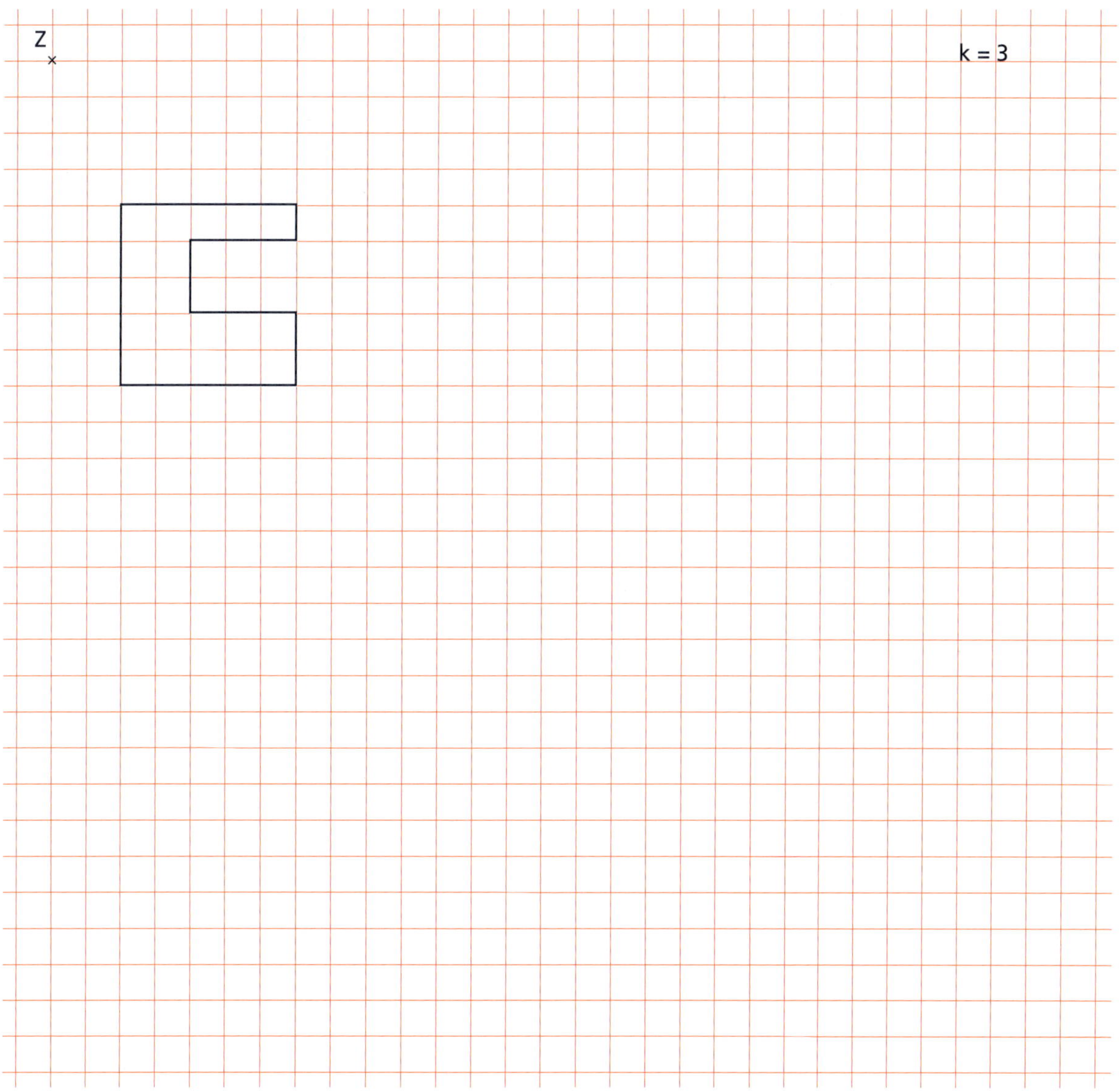

5 Verkleinere mit dem angegebenen Faktor k.

a)

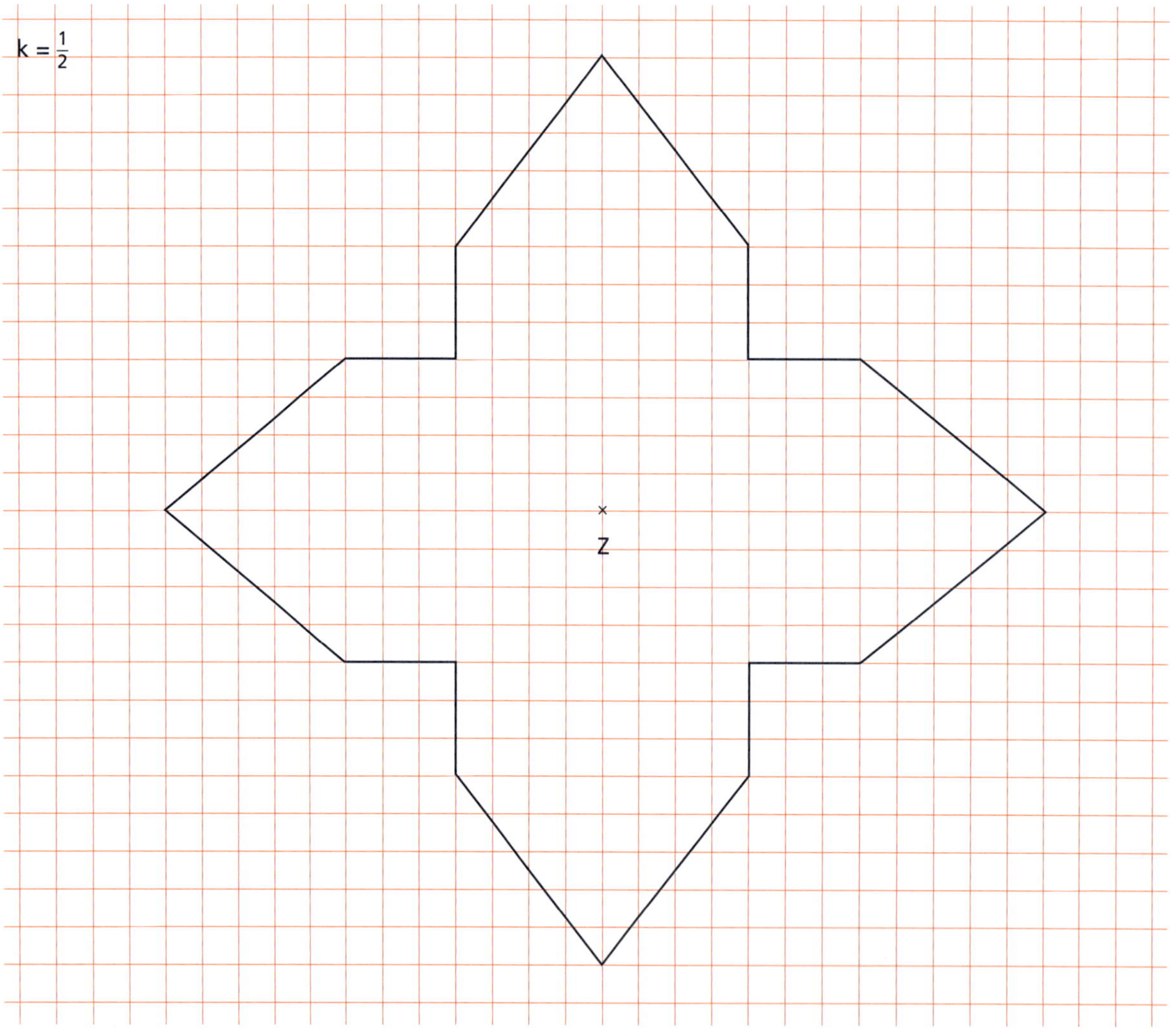

b)

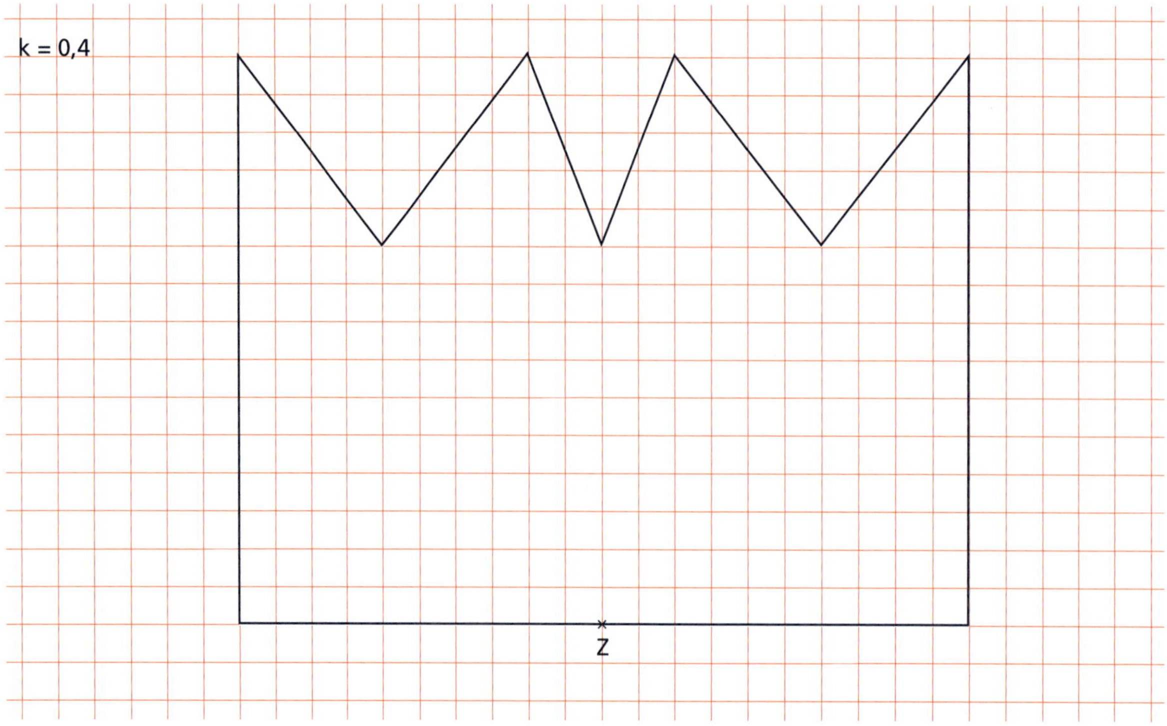

Maßstab

6 Wie lang sind die Strecken in Wirklichkeit?

Maßstab	gemessen: 1 cm	gemessen: 4 cm	gemessen: 5,5 cm
1 : 10			
1 : 50			
1 : 1 500			
1 : 7 500			
1 : 25 000			
1 : 1 000 000			
1 : 1 500 000			

7 Ein Wohnzimmer soll eingerichtet werden. Der Grundriss des Zimmers wurde im Maßstab 1 : 50 angefertigt. Zeichne im selben Maßstab folgende Möbel (Angaben in Zentimeter), schneide sie aus und richte das Zimmer ein.

	1 Schrank	100×50	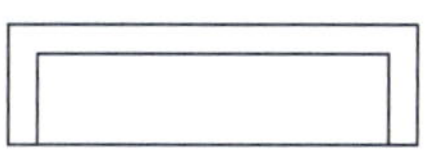	1 Couch	200×75
	2 Regale	50×25	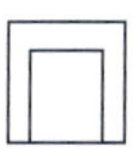	2 Sessel	75×75
	1 Schrankwand	200×50		1 Tisch	100×50

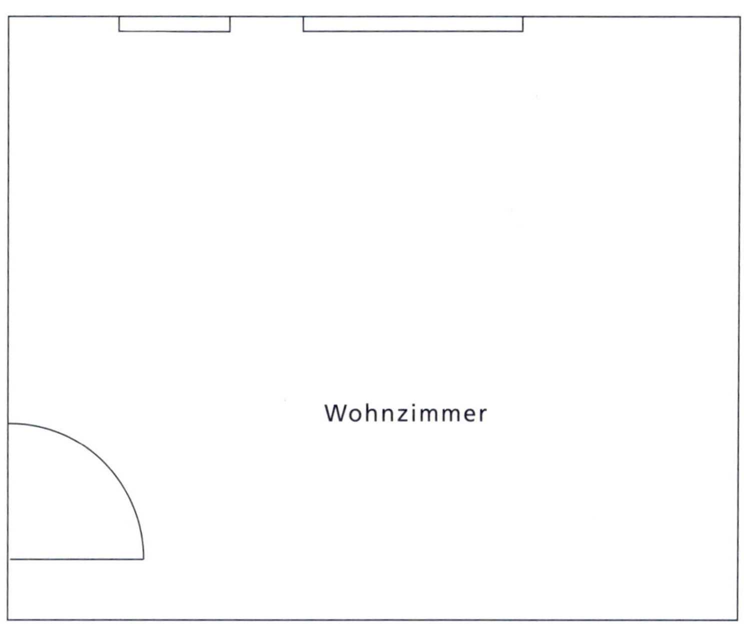

Sätze am rechtwinkligen Dreieck

Satz des Pythagoras

1 Bezeichne die Seiten der Figuren und stelle zu jeder Figur eine Gleichung auf, die nach dem Satz des Pythagoras gilt. Überlege zuerst, welche Seite Hypotenuse ist.

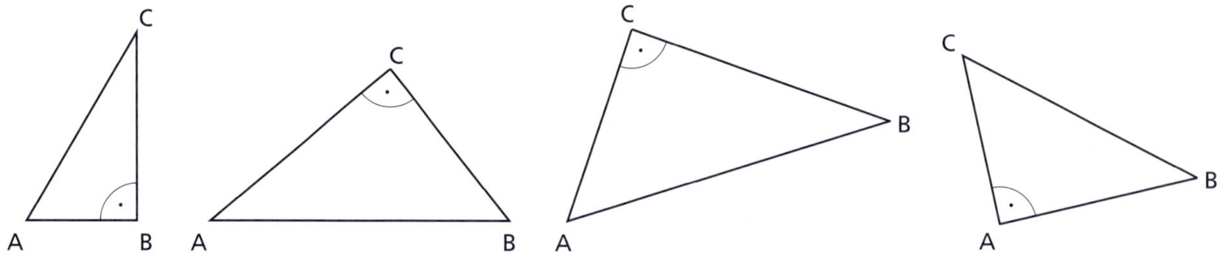

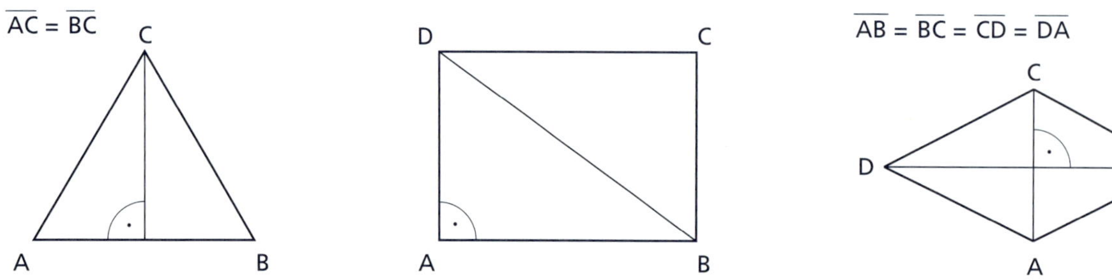

2 Bestimme die fehlenden Werte für die Hypotenuse oder die Katheten.

a			13,9 cm	39 m	23,8 cm	8,8 m
b	8 cm	4,2 cm	70 mm	36 m		
c	10 cm	6,5 m			22 cm	870 cm

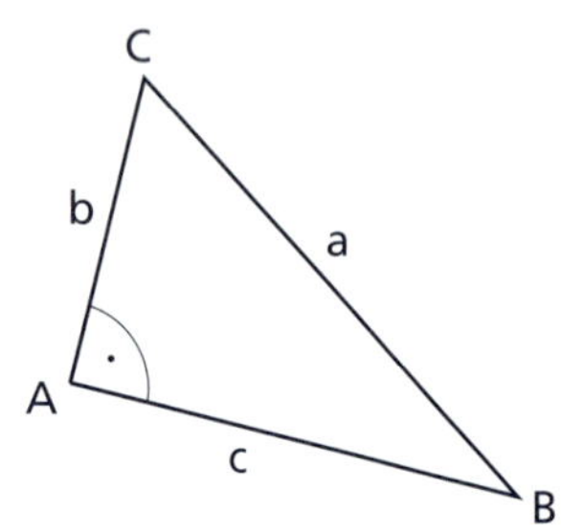

3 Wende auf jedes der rechtwinkligen Dreiecke den Satz des Pythagoras an. (Abbildungen nicht maßstabgerecht)

a)

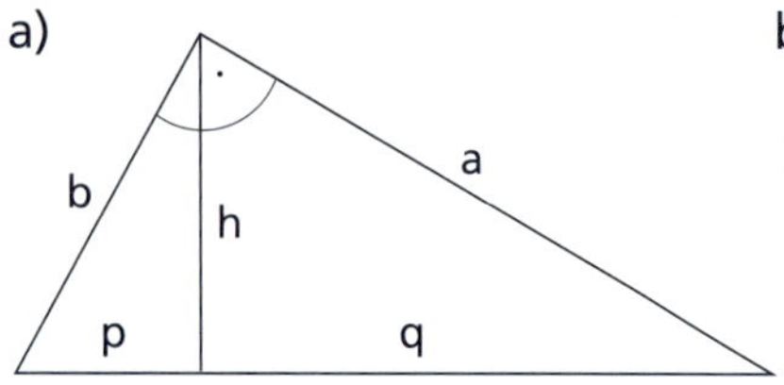

b)

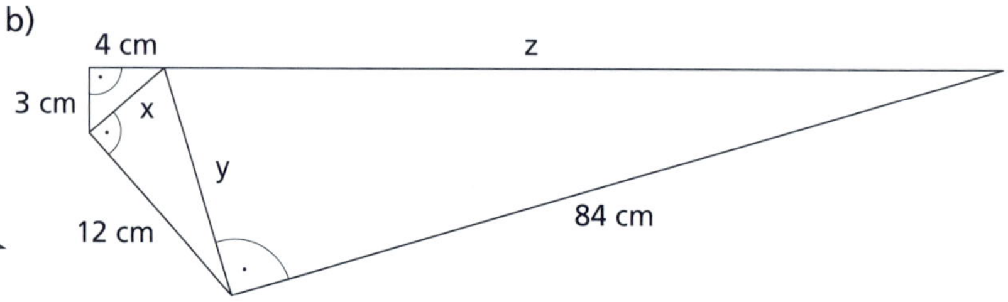

$c^2 =$ ______ $x^2 =$ ______ $x =$ ______

$b^2 =$ ______ $y^2 =$ ______ $y =$ ______

$a^2 =$ ______ $z^2 =$ ______ $z =$ ______

4 Berechne im Dreieck ABC ($\gamma = 90°$) die fehlende Kathete bzw. Hypotenuse. Runde sinnvoll.

a	3,4 cm	5,8 cm		3,3 cm	12,4 cm		
b	5,1 cm	3,6 cm	7 cm			4,1 cm	3,9 cm
c			13,9 cm	6,5 cm	16,8 cm	7,8 cm	5,5 cm

5 Überprüfe, ob folgende Dreiecke rechtwinklig sind:

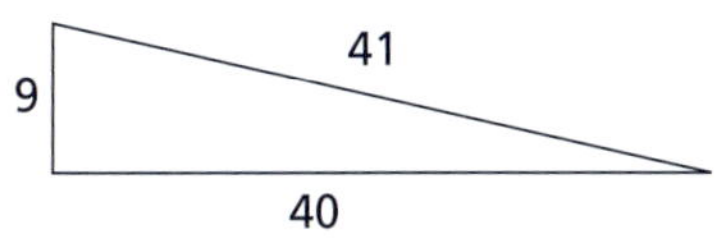

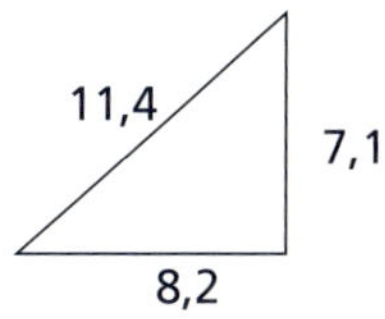

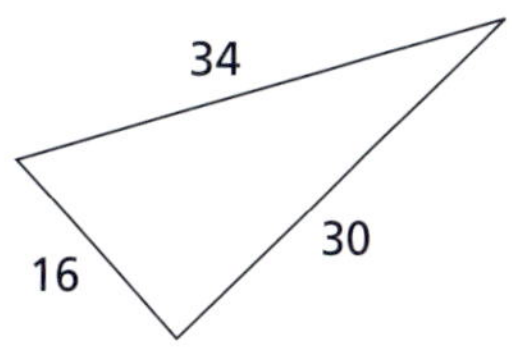

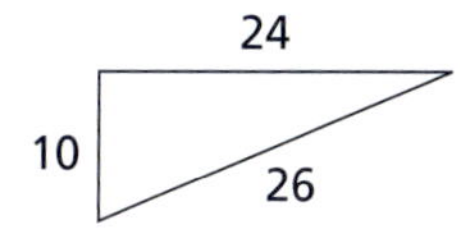

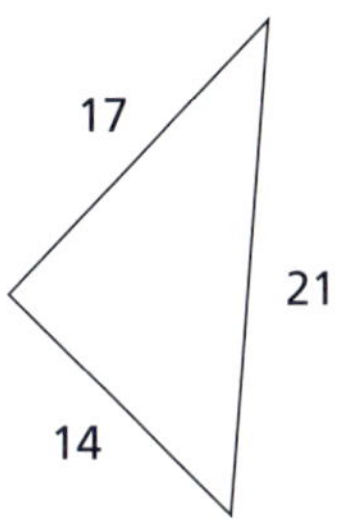

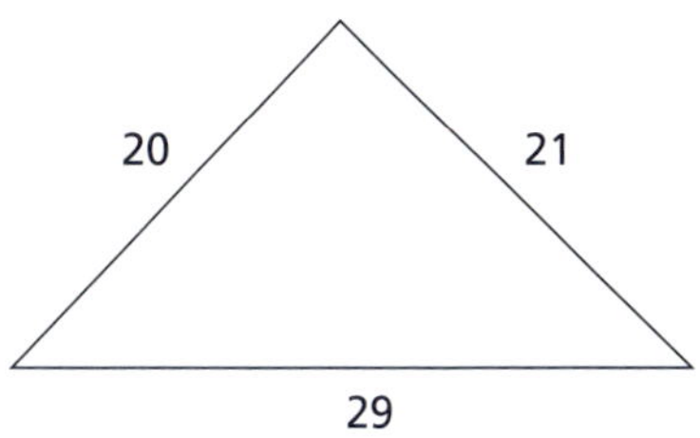

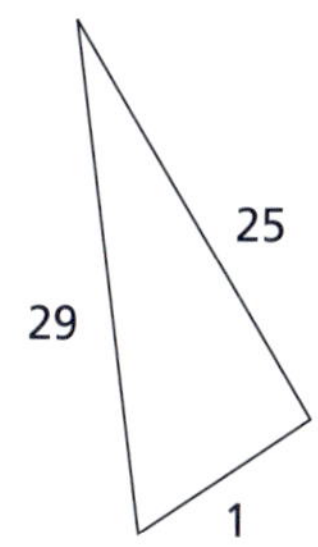

6 Berechne $\overline{AB}$.

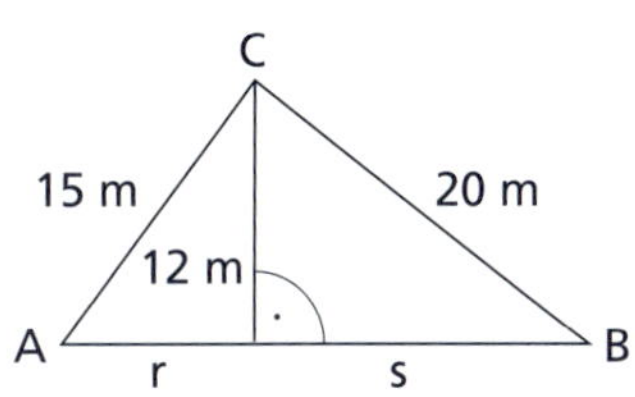

r = ______ s = ______

r = ______ s = ______

$\overline{AB}$ = ______

7 Wie weit muss ein Paddelboot fahren, um von Erkner bis zur Woltersdorfer Schleuse zu kommen?
Für Wanderer sind auf einem Wegweiser folgende Entfernungen angegeben:

Erkner – Gasthaus Löcknitzidyll 1,0 km
Löcknitzidyll – Schleuse 1,5 km

Vervollständige zuerst die Skizze.

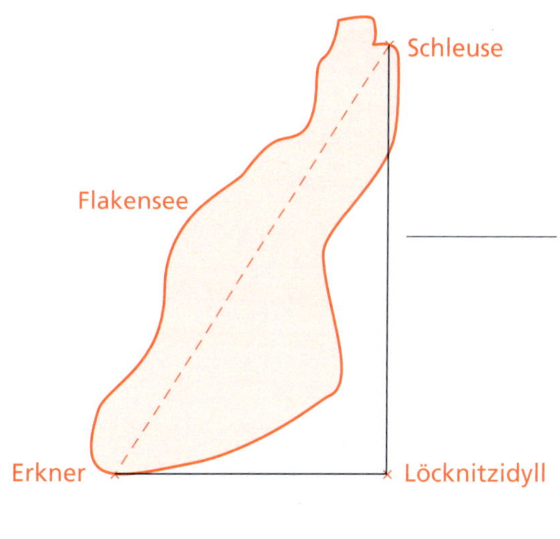

Gleichung: ______

Antwort: ______

Kathetensatz und Höhensatz

8 Berechne die fehlenden Stücke.

	a	b	c	p	q
a)			8,0 cm	6,0 cm	
b)			6,8 cm		4,3 cm
c)	7,9 cm			5,2 cm	
d)		6,0 cm	9,0 cm		
e)				4,2 cm	5,8 cm

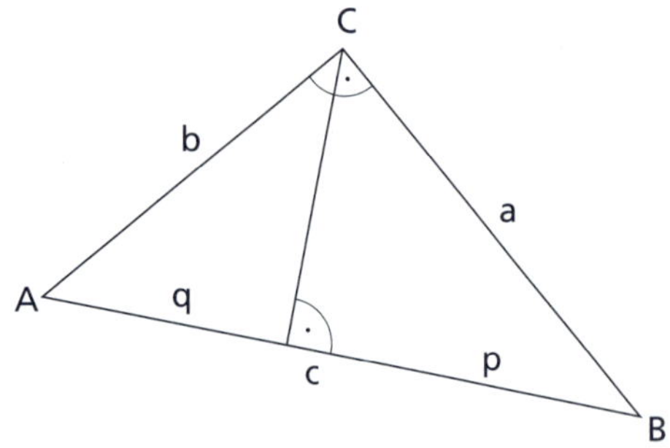

9 Wie lang sind die Dachschrägen der Hundehütte?
(Maßangaben in Zentimeter)

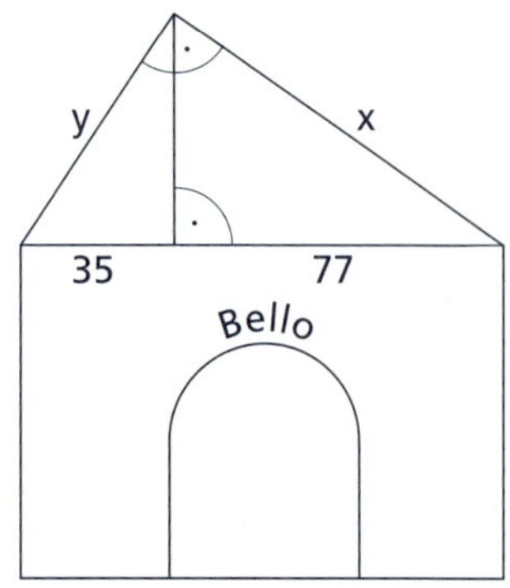

Gleichung: ______________________

____

____

____

Antwort: ______________________

10 Berechne die fehlenden Stücke im rechtwinkligen Dreieck ABC.

p	8,0 cm	7,0 cm	4,0 cm		9,8 cm	3,6 cm	
q	4,5 cm	3,0 cm		5,0 cm		10,0 cm	6,8 cm
h			5,0 cm	6,0 cm	7,0 cm		8,4 cm

11 In welcher Höhe müssen sich die Leisten des Drachens kreuzen? Wie lang sind die Seiten des Drachens, wenn die längere Leiste 1 m lang, die kürzere Leiste 0,5 m lang und der obere Teil rechtwinklig ist?

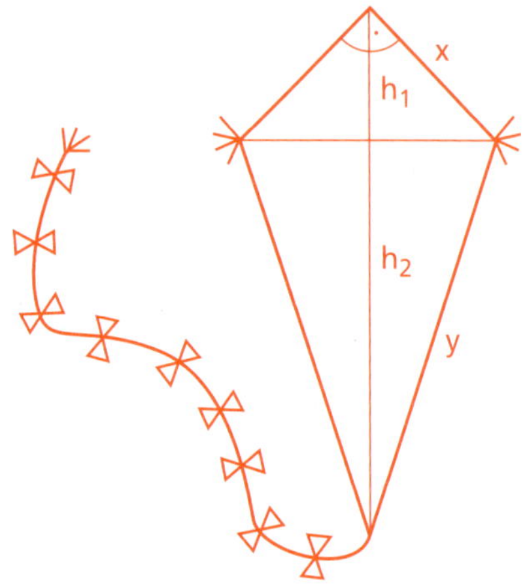

Gleichung: ______________________

____

____

____

Antwort: ______________________

____

____

Anwendungen

12 Wie lang ist der Lübbesee, wenn man mit dem Auto vom Gasthaus nach Milmersdorf 4 km und von dort bis zum Ochsenbruch 6,5 km fährt?

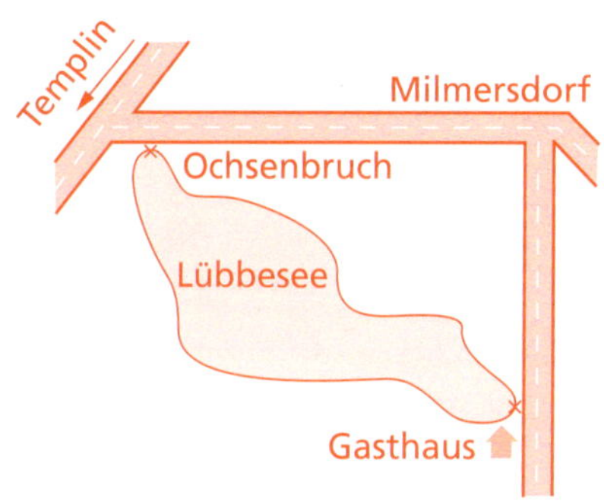

Gleichung: ______________________

____

Antwort: ______________________

____

13 Wie breit ist der Kanal?

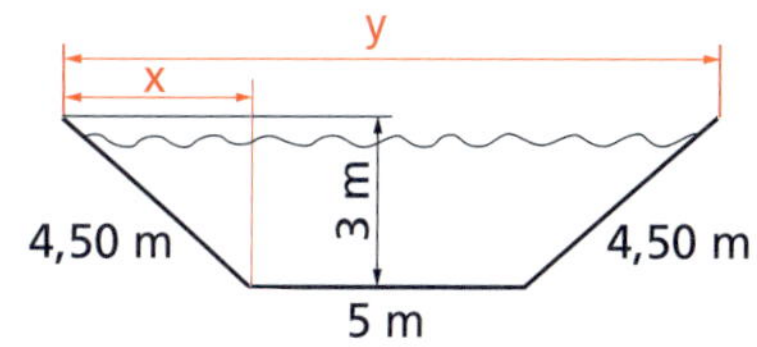

Gleichung: ______________________

____

Antwort: ______________________

14 Berechne die Längen der Diagonalen e und f in folgendem Würfel mit der Kantenlänge 6 cm:

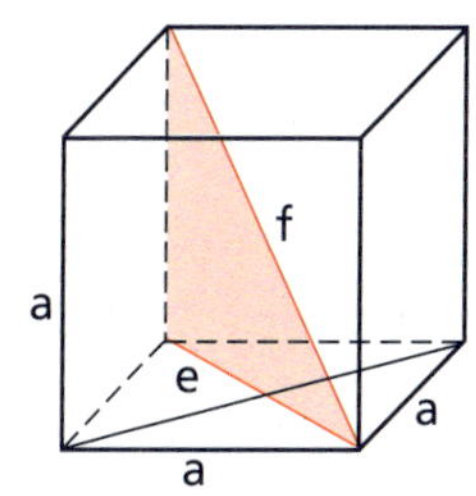

$e^2 = (6\text{ cm})^2$ ______ = ______

$e =$ ______ = ______

$f^2 =$ ______ = ______

$f =$ ______ = ______

15 Berechne die Längen der Diagonalen e und f in folgendem Quader mit den Kantenlängen a = 4 cm, b = 5 cm und c = 7 cm:

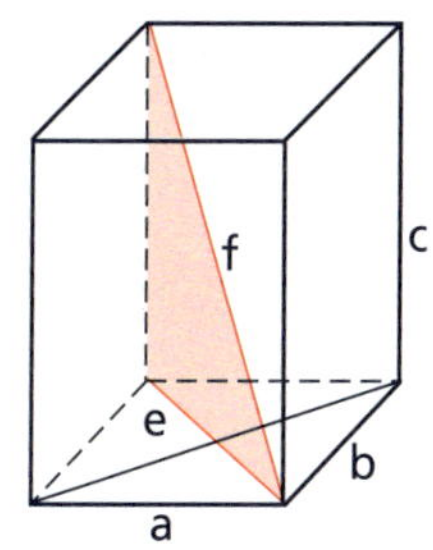

$e^2 = (4\text{ cm})^2$ ______ = ______

$e =$ ______ = ______

$f^2 =$ ______ = ______

$f =$ ______ = ______

16 Bei einem Erdbeben wird ein Brückenpfeiler (15 m hoch) um 0,5 m nach links verschoben. Wie weit senkt sich die Brücke?

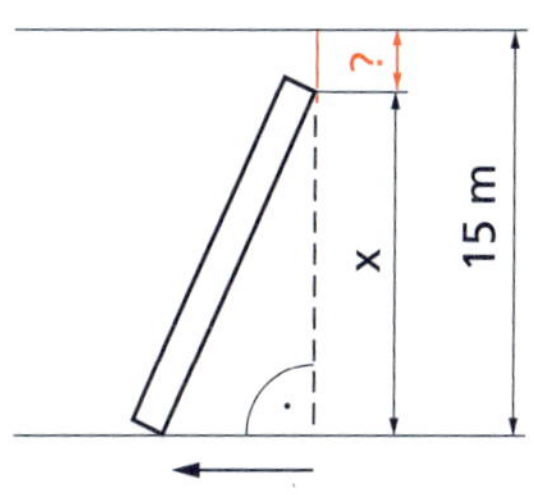

Gleichung: ______________________

____

Antwort: ______________________

Körperdarstellung und Körperberechnung

Darstellung von Pyramiden

1 Gib die Bedeutung der eingetragenen Bezeichnungen an.

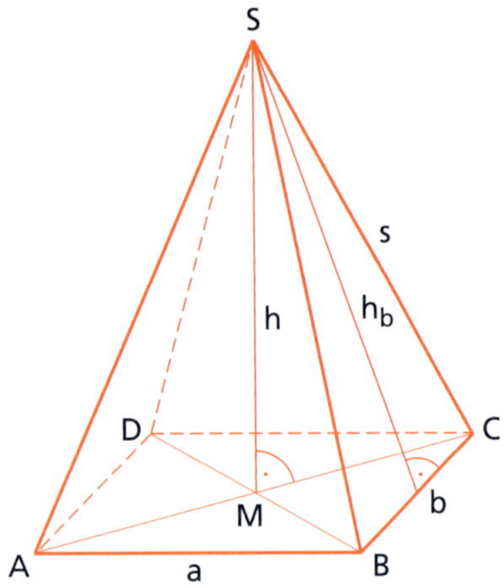

a, b ______________________

s ______________________

h ______________________

h_b ______________________

S ______________________

M ______________________

A, B, C, D ______________________

2 Zeichne von der abgebildeten Pyramide ein Netz.

Pyramide

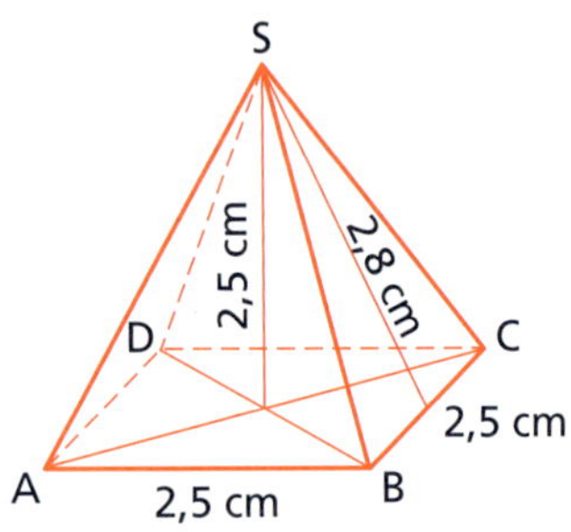

Netz

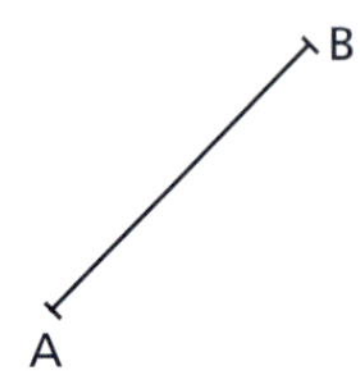

3 Zeichne das Schrägbild einer Pyramide ABCDS mit quadratischer Grundfläche (a = 4 cm) und einer Höhe h = 4 cm.

4 Baue ein Modell der rechteckigen Pyramide mit a = 6 cm, b = 4 cm und h = 4 cm.

a) Skizziere das Schrägbild dieser Pyramide und berechne zunächst h_a und h_b.

Berechnung von h_a und h_b:

Schrägbild:

b) Zeichne dann das Netz der Pyramide mit den benötigten Klebelaschen.
Schneide das Netz sorgfältig aus und klebe die Pyramide zusammen.

Oberflächeninhalt und Volumen

5 Bestimme das Volumen folgender Pyramiden:

a)

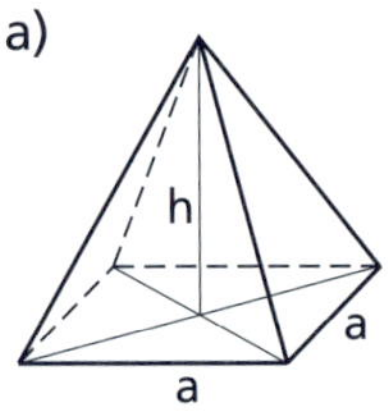

Grundfläche: Quadrat
$a = 3{,}0$ cm
$h = 4{,}0$ cm

V = ______
V = ______
V = ______

b)

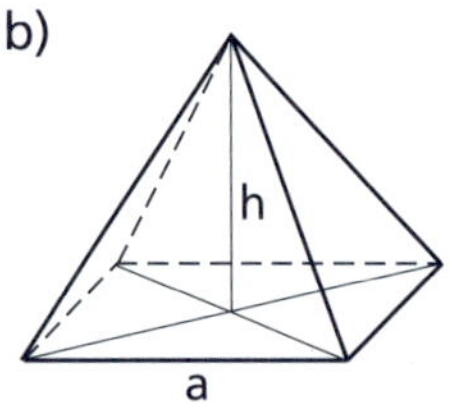

Grundfläche: Rechteck
$a = 5{,}0$ cm
$b = 3{,}0$ cm
$h = 4{,}0$ cm

V = ______
V = ______
V = ______

c)

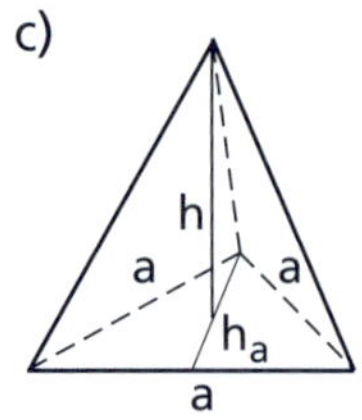

Grundfläche: gleichseitiges Dreieck
$a = 3{,}0$ cm
$h = 4{,}0$ cm

V = ______
V = ______
V = ______

6 Berechne den Oberflächeninhalt der Pyramide mit rechteckiger Grundfläche. Zerlege sie in Einzelflächen. Entnimm die Maße der Zeichnung. Vervollständige.

Maße: a = ______ b = ______ h = ______

Hilfslinien:

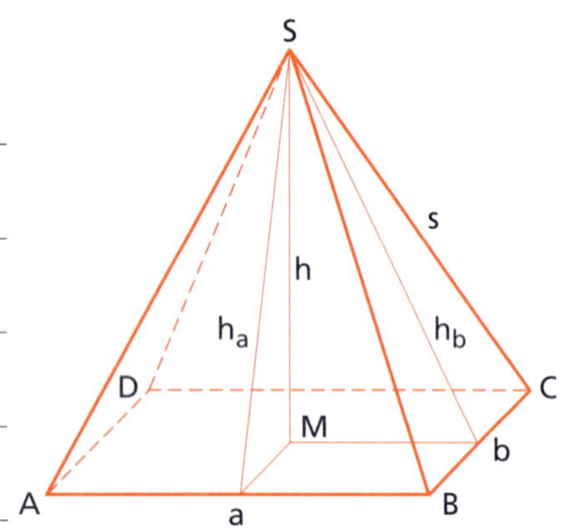

$(h_a)^2$ = ______ $(h_b)^2$ = ______

h_a = ______ h_b = ______

h_a = ______ h_b = ______

h_a = ______ h_b = ______

h_a = ______ h_b = ______

Teilflächen:

A_G = ______ $A_{\triangle ABS}$ = ______ $A_{\triangle BCS}$ = ______

A_G = ______ $A_{\triangle ABS}$ = ______ $A_{\triangle BCS}$ = ______

Oberfläche:

$A_O = A_G +$ ______ A_O = ______

7 Berechne die fehlenden Größen für die abgebildete Pyramide (Tetraeder). Bei ihr sind alle Seitenkanten gleich lang. Runde alle Werte auf eine Dezimalstelle.

a	h	h_a	A_O	V
6,0 cm	4,9 cm	5,2 cm		
11 m		9,5 m		156,9 m^3
	8,5 cm	9 cm	187 cm^2	132,6 cm^3

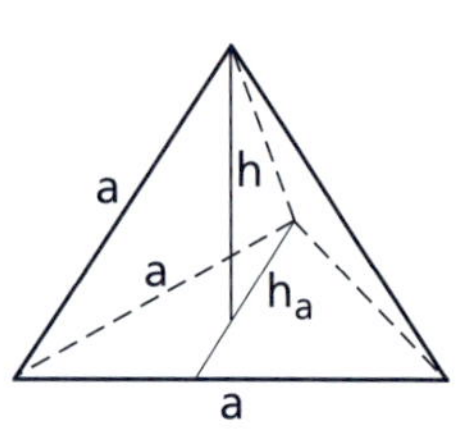

8 Berechne Volumen und Oberflächeninhalt der Pyramide, deren Netz abgebildet ist.

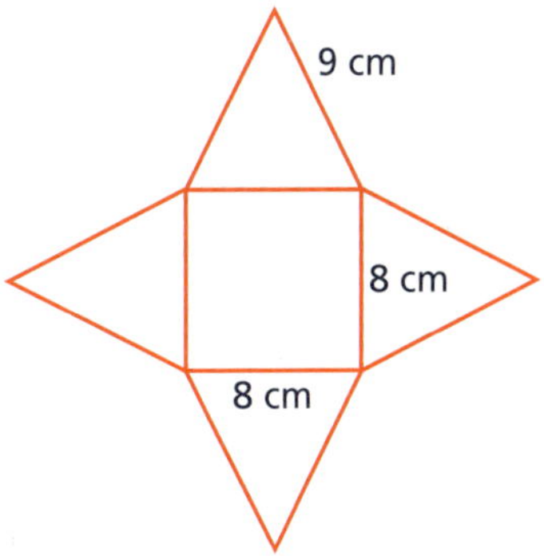

Planfigur:

Berechnung von h_a:

Berechnung von h:

Berechnung von V:

Berechnung von A_O:

9 Eine rechteckige Pyramide mit den Grundkanten a = 9 cm und b = 8 cm hat eine Volumen von 240 cm^3. Zeichne eine Planfigur und berechne den Oberflächeninhalt.

Planfigur:

Berechnung von h:

Berechnung von h_a:

Berechnung von h_b:

Berechnung von A_O:

Daten erheben und verstehen

Kennwerte

1 Zehn Schüler der 8. Klasse wurden befragt, wie lang sie am gestrigen Tag ferngesehen haben.
Angaben: 2,5 h; 50 min; 1 h 20 min; 1,2 h; 3 h; 25 min; 0,75 h; 1 h 50 min; 125 min; 2,3 h

a) Rechne alle Fernsehzeiten in Minuten um und ordne sie aufsteigend nach ihrer Größe.

b) Wie lange haben die Schüler durchschnittlich ferngesehen?

c) Bei wie vielen Schülern lag die Fernsehdauer um maximal 20 % vom Mittelwert entfernt?

2 Der Wert einer Aktie wurde an 15 aufeinanderfolgenden Börsentagen wie folgt notiert (Angaben in Euro):

38,60	39,40	40,74	43,30	42,60	(1. bis 5. Tag)
42,95	44,55	44,30	44,00	42,55	(6. bis 10. Tag)
41,50	41,60	41,70	40,54	39,20	(10. bis 15. Tag)

a) Berechne den Mittelwert des Kurses dieser Aktie im betrachteten Zeitraum.

b) Wie groß ist die Spannweite der untersuchten Stichproben?

c) Ermittle den Median (Zentralwert) der Stichprobe und vergleiche diesen mit dem Mittelwert.

3 Als Ergebnis einer Messreihe wurden die folgenden Werte notiert:
6; 4; 8; 2; 5; 7; 4; 5; 5; 4
Welche der nachfolgenden Aussagen sind wahr, welche sind falsch?

a) Das arithmetische Mittel ist $\bar{x} = 5$.	☐ wahr	☐ falsch
b) Der Median ist $\tilde{x} = 5$.	☐ wahr	☐ falsch
c) Der Modalwert ist m = 5.	☐ wahr	☐ falsch
d) Es gibt keinen Modalwert.	☐ wahr	☐ falsch
e) Die Spannweite beträgt w = 5.	☐ wahr	☐ falsch

Statistische Erhebungen

4 Die Tabelle gibt die Anzahl der verunglückten Fußgänger und Radfahrer unter 15 Jahren in der Zeit von 6.00 Uhr bis 8.00 Uhr an.

Jan.	Feb.	März	April	Mai	Juni	Juli	Aug.	Sep.	Okt.	Nov.	Dez.
233	143	194	176	226	280	164	109	315	216	310	300

a) Gib den untersuchten Vorgang, das betrachtete Merkmal und einige Bedingungen an.

untersuchter Vorgang: ______________________

betrachtetes Merkmal: ______________________

____

Bedingungen: ______________________

*b) Fertige ein Stängel-Blätter-Diagramm zu den Daten an, verwende als Stängel die Hunderter und teile die Blätter in zwei Untergruppen ein. Schreibe neben das geordnete Diagramm bei den kleinsten und größten Werten die Monate. Informiere dich im Internet über den Diagrammtyp.

ungeordnet		geordnet		Monate
1		1		
1		1		
2		2		
2		2		
3		3		

c) Berechne das arithmetische Mittel, den Median und die Spannweite.

$\bar{x} = \frac{1}{12}$ ______________________

$\bar{x} \approx$ __________ $\tilde{x} =$ __________ $w =$ __________

d) Beschreibe die Häufigkeitsverteilung und suche nach Erklärungen für die Schwankungen der Zahlen. In der Presse wurden die Daten unter der Überschrift „Am Wintermorgen sind Kinder besonders gefährdet" veröffentlicht. Trifft die Feststellung zu?

Lage- und Streumaße

5 Eine Arbeitsgruppe erfasst mittels Stichprobe die durchschnittliche tägliche Arbeitszeit (montags bis freitags) der Schüler zur Erledigung ihrer Hausaufgaben.
In einer Klasse wurden die folgenden 20 Werte (in Minuten) erfasst:
15; 25; 30; 5; 25; 45; 95; 60; 25; 40; 30; 35; 15; 25; 20; 5; 90; 55; 30; 45

a) Stelle eine Rangliste auf.

b) Berechne den Durchschnitt aller 20 Werte.

$\bar{x}$ =

c) Streiche die offensichtlichen Ausreißer und berechne den Mittelwert erneut.

d) Gib einen Median und einen Modalwert an.

Median: Modalwert:

e) Vergleiche und kommentiere die Werte der Teilaufgaben von b bis d.

6 Die Diagramme zeigen die monatlichen Durchschnittswerte der Tagestemperaturen und der Regentage in Johannesburg (Südafrika).

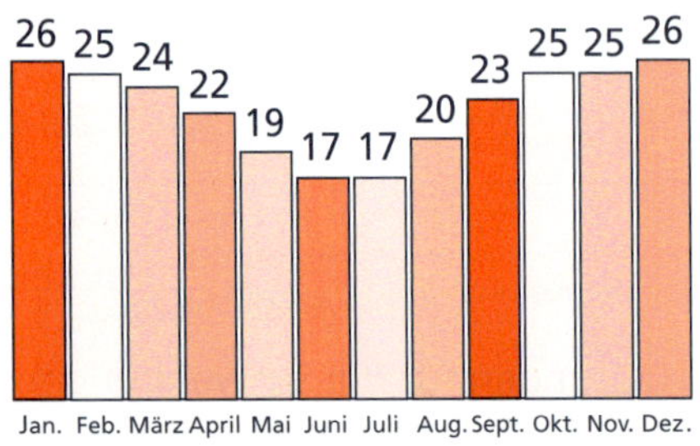

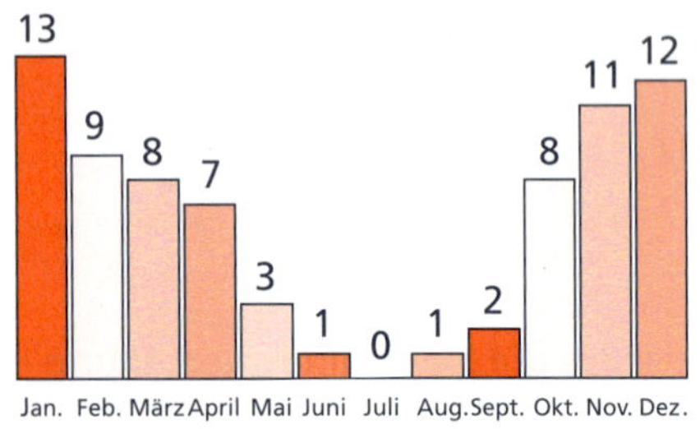

a) Berechne jeweils das arithmetische Mittel und den Median.

Temperaturen: $\bar{x}$ = Regentage: $\bar{x}$ =

Werte in geordneter Reihenfolge:

$\tilde{x}$ = $\tilde{x}$ =

b) Ergänze den Text:

Die durchschnittliche monatliche Tagestemperatur in Johannesburg beträgt ______. In der Hälfte der Monate sind die durchschnittlichen Tagestemperaturen höher als ______. Es regnet im Schnitt ______ Tage im Monat. In der Hälfte der Monate gibt es durchschnittlich weniger als ______ Regentage. Zur Kennzeichnung der Niederschläge ist der ______ besser geeignet.

7 Ein Problem für die Gesundheit der Schüler ist das Gewicht der Schultaschen. Bestimme die Masse der vollen Schultaschen deiner Mitschüler und notiere die Daten in der folgenden Tabelle:

a) Berechne das arithmetische Mittel, die Spannweite und gib das Maximum und Minimum an.

$\bar{x}$ = ____________________

w = ____________________

x_{max} = __________ x_{min} = __________

b) Berechne die mittlere Abweichung d, die mittlere quadratische Abweichung s^2 und die Standardabweichung s. Nutze hierfür die dritte Spalte in der Tabelle.

Mittlere Abweichung d = ____________________

Mittlere quadratische Abweichung s^2 = __________

Standardabweichung s = ____________________

*c) Unterteilt das Gewicht der Schultaschen in geeignete Klassen, berechnet die jeweiligen Klassenmitten und stellt die Häufigkeitsverteilung in einem Säulendiagramm dar.

Klassen	Intervall	Klassenmitte	Häufigkeit

Schüler	Masse in kg	$\lvert x_i - \bar{x} \rvert$
1		
2		
3		
4		
5		
6		
7		
8		
9		
10		
11		
12		
13		
14		
15		
16		
17		
18		
19		
20		
21		
22		
23		
24		
25		

Teste dich selbst

Kreuze bei jeder Aufgabe an, welche der Aussagen richtig ist.
Wenn deine Ergebnisse stimmen, erhältst du einen geometrischen Begriff.

1 Addiere die Gleichungen I $y + 2x = 4$ und II $2x - y = 0$.

K ☐ $2y = 4$ A ☐ $2y + 4x = 4$ L ☐ $4x = 0$ B ☐ $4x = 4$

2 Ein Peripheriewinkel hat eine Größe von 73°. Wie groß ist der zugehörige Zentriwinkel?

S ☐ 73° A ☐ 146° N ☐ 36,5° D ☐ 156°

3 Der Graph mit der Funktionsgleichung $y = -2x + 2$

L ☐ steigt U ☐ ist parallel zur x-Achse S ☐ fällt T ☐ ist senkrecht zur x-Achse

4 Die Nullstelle der Funktion mit der Gleichung $y = 4x - 2$ ist

R ☐ -2 E ☐ 0 I ☐ $\frac{1}{2}$ M ☐ 2

5 Der zum abgebildeten Rechenbaum gehörende Term ist

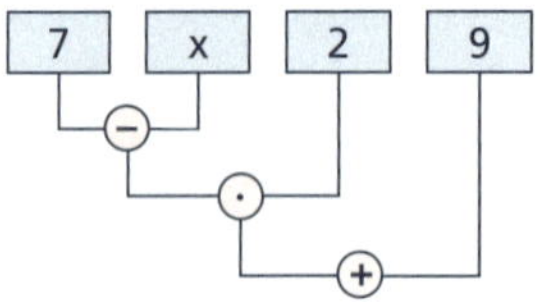

A ☐ $7 - 2x + 9$ N ☐ $7 - x + 2 \cdot 9$
I ☐ $(7 - x) \cdot (2 + 9)$ S ☐ $(7 - x) \cdot 2 + 9$

6 Stellt man die Formel $A = \frac{g \cdot h}{2}$ nach g um, so erhält man

W ☐ $g = \frac{2A}{h}$ A ☐ $g = \frac{2h}{A}$ L ☐ $g = \frac{A}{2h}$ D ☐ $\frac{h \cdot A}{2}$

7 Die Graphen der Funktionen ① $y = \frac{1}{2}x - 4$ und ② $y = \frac{1}{2}x + 3$ haben folgende Lage

I ☐ zueinander parallel R ☐ zueinander senkrecht I ☐ schneiden einander S ☐ sind identisch

8 Wird der Durchmesser d eines Kreises verdoppelt, so verändert sich der Kreisflächeninhalt A wie folgt:

B ☐ halbiert sich E ☐ bleibt gleich I ☐ verdoppelt sich N ☐ vervierfacht sich

9 Berührt eine Gerade einen Kreis genau in einem Punkt, so nennt man diese Gerade eine

A ☐ Passante K ☐ Tangente T ☐ Sekante E ☐ Sehne

10 Die Mantelfläche eines geraden Kreiszylinders ist eine Rechtecksfläche mit den Seitenlängen

W ☐ Höhe h und Flächeninhalt A E ☐ Höhe h und Umfang u I ☐ Höhe h und Durchmesser d N ☐ Höhe h und Radius r

11 Ein Prisma hat ein rechtwinkliges Dreieck als Grundfläche (a = 3 cm; b = 4 cm) und ist 10 cm hoch. Sein Volumen beträgt

W ☐ 120 cm³ E ☐ 100 cm³ L ☐ 60 cm³ T ☐ 40 cm³

☐ ☐ ☐ ☐ ☐ ☐ ☐ ☐ ☐ ☐ ☐